SÄCHSISCHE AKADEMIE DER WISSENSCHAFTEN
ZU LEIPZIG

AUTOREN- UND SACHREGISTER DER ABHANDLUNGEN UND BERICHTE BEIDER KLASSEN

1948–1970

Mit einem Vorwort des Präsidenten
zum 125jährigen Bestehen der Akademie am 1. Juli 1971

AKADEMIE-VERLAG · BERLIN

1971

Nach dem Stand vom 31. Dezember 1970
Manuskript eingereicht am 24. 12. 1970
Druckfertig erklärt am 6. September 1971

Im Auftrag des Präsidenten
zusammengestellt und herausgegeben
von Gerald Wiemers

Erschienen im Akademie-Verlag GmbH, 108 Berlin, Leipziger Straße 3—4

Lizenznummer: 202 · 100/305/71
Gesamtherstellung: VEB Druckhaus „Maxim Gorki", DDR-74 Altenburg
Bestellnummer: 5785 · ES 1 E
EDV 752 059 9
9,20
Printed in German Democratic Republic

ÜBERSICHT

Vorwort des Präsidenten 5

Autorenregister

Mathematisch-naturwissenschaftliche Klasse 13

Philologisch-historische Klasse 22

Sachregister

Mathematisch-naturwissenschaftliche Klasse 37

Philologisch-historische Klasse 49

Anhang

Hinweise auf vorangehende Verfasser- und Sachregister 65

Verzeichnis der Jahrbücher 65

Verzeichnis der Nachrufe 1948—1968 65

ZUR GESCHICHTE DER SÄCHSISCHEN AKADEMIE DER WISSENSCHAFTEN ZU LEIPZIG

Wenn die Sächsische Akademie der Wissenschaften im Jahre 1971 den 125. Geburtstag ihrer Gründung begeht, so könnte man die Berechtigung, das Jahr 1846 als Geburtsjahr dieser Akademie zu bezeichnen, in Zweifel ziehen. Einerseits nämlich ist sie aus einer gelehrten Gesellschaft hervorgegangen, die schon im Jahre 1768 von Fürst Joseph Alexander Jablonowski als Jablonowskische Gesellschaft gestiftet worden ist zum Zweck der „Beförderung wissenschaftlicher Forschung" auf den Gebieten der Mathematik, Physik, Geschichte und Ökonomie und als Beitrag zur „Verbesserung der Landeskultur". Sie sollte wissenschaftliche Preisaufgaben stellen vor allem auf dem Gebiet der Naturwissenschaften, sollte sie prämiieren und drucken. Ihr letzter Sekretär *Moritz Wilhelm Drobisch* bemühte sich, den Mitgliedern der Gesellschaft eigene Forschungsaufgaben und wissenschaftliche Abhandlungen zu ermöglichen. Er war es, der dann 1845 an die Königliche Staatsregierung den Antrag zur Gründung und Subventionierung der „Königlich Sächsischen Gesellschaft der Wissenschaften zu Leipzig" gestellt hat. Die Regierung stimmte zu, und im Statut wurden als Mitglieder Wissenschaftler aus dem Königreich Sachsen und den sächsisch-thüringischen Staaten vorgesehen. Andererseits hat sich das Plenum der Gesellschaft den Namen „Sächsische Akademie der Wissenschaften zu Leipzig" erst im Juli 1919 mit Zustimmung der Sächsischen Staatsregierung gegeben. Man könnte daher auch die Jahre 1768 oder 1919 als Gründungsjahre der Sächsischen Akademie postulieren.

Die feierliche Eröffnung der Königlich Sächsischen Gesellschaft der Wissenschaften zu Leipzig fand am 200. Geburtstag von Gottfried Wilhelm Leibniz statt. Die Festrede hielt der Antragsteller, der Mathematiker und Philosoph *Moritz Wilhelm Drobisch*. Darin und im Statut wird deutlich, daß diese Gesellschaft nach Aufgabenstellung und Organisation dem Charakter einer wissenschaftlichen Akademie im Sinne von Leibniz entsprach. Von da an hat sie, trotz vieler Schwierigkeiten, ihren Charakter bewahrt, und die Sächsische Akademie der Wissenschaften zu Leipzig kann daher mit gutem Recht 1846 als ihr Gründungsjahr bezeichnen.

Die Ideen von Leibniz, die bis heute Sinn und Aufgaben der Akademien bestimmen, faßt *Drobisch* in seiner programmatischen Festrede zusammen: „Eine Gesellschaft der Wissenschaften muß es versuchen, ohne irgendwelche Rücksichten auf Stand und Lebensberuf alle Kräfte zu vereinigen, von deren tätiger Teilnahme an ihren Arbeiten Bereicherungen des Wissens sich erwarten läßt. In dieser Beziehung ist ihr Kreis weiter, ihre Wahl unbeschränkter als bei den

Universitäten".[1] Gleichzeitig, also schon 1846, hob Staatsminister *Eduard von Wietersheim*, Ehrenmitglied der Gesellschaft, in seiner Eröffnungsansprache die besondere Bedeutung von Mathematik und Naturwissenschaften hervor und bezeichnete sie als das „Fundament einer unermeßlichen Zukunft".[2] Die Verehrung des großen Sohnes der Stadt Leipzig und der Wille, seinen Ideen zu folgen, nahm äußere Gestalt an in dem Leibnizdenkmal, das die Königlich Sächsische Gesellschaft der Wissenschaften stiftete und dessen Grundstein am 1. Juli 1846 gelegt wurde.

Durch ein solches Wirken, gewidmet dem Gemeinwohl und der freien Entfaltung der Wissenschaften, geriet die Sächsische Akademie und ihre Mitglieder in Widerspruch zu absolutistischen Herrschern und ihren Maßnahmen. So gehörte der Physiker *Wilhelm Weber* zu den „Göttinger Sieben", die 1837 gegen die Aufhebung der liberalen Verfassung durch König Ernst August von Hannover protestierten und darauf ihrer Ämter enthoben wurden. *Weber* kam 1843 als Professor nach Leipzig und wurde geistig und finanziell einer der Mitbegründer der Gesellschaft der Wissenschaften. — Während der Zeit des Faschismus haben viele Mitglieder wegen ihrer demokratischen Gesinnung oder ihrer Abstammung ihr Amt oder dazu noch ihre Heimat verloren. Aus Protest gegen die Exmittierung des Ägyptologen *Georg Steindorff* legte im Jahre 1937 der damalige geschäftsführende Sekretär *Theodor Frings* sein Amt nieder. — Die Sächsische Akademie hat den Statuten einer auf Wunsch des Hitlerregimes zu gründenden „Reichsakademie" nie zugestimmt.

Seit je bestand eine fruchtbare Bindung an die Universität Leipzig und ihre reich ausgestatteten Institute. Die Universität gab den räumlichen und wissenschaftlichen Hintergrund, auf dem auch Arbeiten der Akademie entstehen und gedeihen konnten. Mit der Zerstörung der Universität durch anglo-amerikanischen Bombenangriff im Dezember 1943 wurde diese alte Verbindung erschüttert; außerdem verlor die Sächsische Akademie ihr gesamtes Archiv und ihre Bibliothek.

Als die Sächsische Akademie am 8. Dezember 1948 mit Unterstützung der sowjetischen Besatzungsmacht durch *Theodor Frings* als Präsidenten wiedereröffnet werden konnte, hatte sie nicht nur diesen äußeren Rahmen eingebüßt, sondern auch eine Reihe ihrer prominenten Mitglieder durch Emigration und Tod verloren. Die Universität stellte wieder, trotz eigener beschränkter Möglichkeiten, Arbeitsräume im bescheidenen Umfang zur Verfügung. Die Lücken in den beiden Klassen, der philologisch-historischen und der mathematisch-naturwissenschaftlichen (früher mathematisch-physischen), die seit der Gründung die Akademie bilden, wurden durch Zuwahlen geschlossen. Dabei fanden sich aber kaum junge Gelehrte, die auf Grund ihrer Leistungen als Mitglieder der Sächsischen Akademie in Betracht kamen; entweder waren sie gefallen oder durch Hitlerregime und Krieg nicht zur vollen Entfaltung ihrer wissenschaftlichen Fähigkeiten gelangt. Früher hatte die Akademie, getreu den Prinzipien *Drobischs*, oft junge

[1] Berichte über die Verhandlungen der Kgl. Sächs. Gesellschaft der Wissenschaften zu Leipzig, math.-phys. Klasse, 1, 1848, S. 41.

[2] Ebenda, S. 19.

ausgewiesene Wissenschaftler zu ordentlichen Mitgliedern gewählt, so im Alter von 34 Jahren *Wilhelm Ostwald*, den Begründer der physikalischen Chemie in Deutschland, der am 28. Oktober 1913 in einer Massenkundgebung gemeinsam mit Karl Liebknecht für die Rechte der Arbeiter eingetreten war.

Nachdem die Sächsische Akademie im Zuge der Akademiereform ein den Bedingungen der Deutschen Demokratischen Republik entsprechendes Statut erhalten hat, beginnt sie die Reihen ihrer Mitglieder aufzufüllen, um den Aufgaben, die ihr als gelehrte Gesellschaft gestellt sind, unter Wahrung der guten Traditionen ihrer 125jährigen Geschichte und im Blick auf die Zukunft unseres sozialistischen Staates gerecht zu werden. Sie wird auch in Zukunft keine eigenen Forschungsinstitute betreiben, sondern ihren Mitgliedern durch interdisziplinären Erfahrungsaustausch, durch Diskussionen und Kolloquien Anregungen für ihre Forschungsarbeit in den Hochschuleinrichtungen oder anderen Forschungseinrichtungen zu geben versuchen. Unternehmungen, denen in prognostischer Sicht hohe volkswirtschaftliche Bedeutung zukommt und die der Zusammenarbeit verschiedener Wissenschaftsbereiche bedürfen, wird sie gemeinsam mit anderen Akademien durchführen. Ihre besondere Aufmerksamkeit soll dabei den Aufgaben der Wissenschaft, die aus der Entwicklung von Wissenschaft und Technik selbst resultieren, den Problemen der Beziehungen zwischen Mensch und Umwelt unter den Bedingungen der wissenschaftlich-technischen Revolution in der sozialistischen Gesellschaft gelten. Das Wohl der Menschen und die ständige Verbesserung ihrer Lebensbedingungen, das oberste Ziel der sozialistischen Gesellschaft, stellt Naturwissenschaftler und Gesellschaftswissenschaftler vor die Aufgabe, die Veränderungen der Natur, die mit der Verwertung ihrer Schätze notwendig verbunden sind, und ihre Wirkungen auf den Menschen und die belebte Welt zu erforschen. Daraus sind Hinweise abzuleiten, wie im Einklang mit den Interessen einer vom Profitdenken freien sozialistischen Gesellschaft, ohne schädliche Wirkungen auf den Menschen und seine Umwelt, die Naturkräfte und -schätze optimal für den technischen Fortschritt eingesetzt werden können. In einer solchen harmonischen Entwicklung der gesamten Volkswirtschaft liegt auch ein wesentliches Anliegen des Gesetzes zur sozialistischen Landeskultur der DDR.

Über den großartigen Erfolgen der Technik in all ihren Bereichen dürfen wir nicht vergessen, daß viele technische Produkte der Natur fremd sind und uns, die wir doch Geschöpfe der Natur sind und bleiben, ihr entfremden. Es wird großer gemeinsamer Anstrengungen von Natur- und Gesellschaftswissenschaftlern bedürfen, um die Erfolge für die rasche Verbesserung des Lebensstandards durch die Weiterentwicklung der Technik nicht durch Schäden in unserer Umwelt, durch den Verlust der Achtung der Menschen voreinander, vor unseren Vorfahren und vor der Natur zu verlieren.

Ein Teil der von der Sächsischen Akademie der Wissenschaften durchgeführten Unternehmungen wird mit dieser Zielrichtung weitergeführt werden; andere werden abgeschlossen und ersetzt durch Aufgaben, die den neuen Anforderungen entsprechen. Poggendorffs biographisch-literarisches Handwörterbuch der exakten Naturwissenschaften, schon 1863 gegründet, liegt seit 1949 in den Händen der

Sächsischen Akademie und trägt mit seinen fortlaufenden Ergänzungen zum Verständnis der geschichtlichen Entwicklung dieser Wissenschaften bei. Wir sind dankbar, daß von der Regierung der DDR die Mittel zur Fortführung dieses in aller Welt hochangesehenen Handwörterbuches bereitgestellt werden. Von den Arbeiten der philologisch-historischen Klasse soll vor allem das Althochdeutsche Wörterbuch, das ebenfalls aus Staatsmitteln großzügig finanziert wird, zum Abschluß gebracht werden. Es erfaßt den gesamten schriftlich überlieferten deutschen Sprachschatz nach seiner Wortbildung, Wortbedeutung und grammatikalischen Fügung. In einer Zeit, in der laufend neue Wörter für alte Begriffe geprägt werden, könnte sorgloser Umgang mit der Sprache zu ihrer Verwilderung führen. Darum ist es wichtig, durch die Kenntnis des inneren Wachstums unserer Sprache den Respekt vor ihr als Ausdruck unseres Denkens zu bewahren.

Die Sächsische Akademie sieht es als eine ihrer Hauptaufgaben an, gemeinsam mit der Deutschen Akademie der Wissenschaften zu Berlin und anderen Akademien die Wirkungen der Technisierung unserer Wirtschaft auf die Biosphäre und den Menschen zu erforschen, Verfahren zur Verhütung von Schäden zu entwickeln und damit der Regierung der DDR bei der Durchsetzung des Gesetzes zur sozialistischen Landeskultur zu helfen.

In den 125 Jahren des Bestehens haben der Sächsischen Akademie Historiker, Philologen, Mathematiker und Naturwissenschaftler angehört, die ihrer Wissenschaftsdisziplin wesentliche neue Impulse gegeben, ja neue Bereiche erschlossen haben. Ihre oft weltweite Anerkennung ist der Stolz unserer Akademie, ist hohe Verpflichtung für ihre aktiven Mitglieder. Aus einer langen und bedeutenden Reihe seien wenige hervorgehoben.

Historiker wie *Theodor Mommsen* (1849)[1] oder *Karl Lamprecht* (1892) wirken durch ihre weitblickende Geschichtsschreibung bis in unsere Tage. Der Vorsitzende des Staatsrates der DDR, Walter Ulbricht, hat die Verdienste Lamprechts um die „Erforschung unseres Vaterlandes“ und sein Mühen um die Auffindung von „Gesetzmäßigkeiten in der Geschichte“ in einer Rede in Jena im Jahre 1960 anerkannt. Sprachwissenschaftler, so die Slawisten *August Schleicher* (1863) und *August Leskien* (1875), die Indogermanisten *Berthold Delbrück* (1885), *Karl Brugmann* (1888), *Ferdinand Sommer* (1922); die klassischen Philologen *Gottfried Hermann* (1846), *Ulrich Wilcken* (1906), *Alfred Körte* (1918); Orientalisten wie *Heinrich Leberecht Fleischer* (1846), *Georg Steindorff* (1898), *Heinrich Zimmern* (1900) oder Germanisten wie *Moritz Haupt* (1846), *Friedrich Zarncke* (1854), *Theodor Frings* (1930) haben zur Erforschung fremder Sprachen und der deutschen Sprache, zum Verständnis fremder und eigener Kultur Wesentliches beigetragen und damit der Verständigung unter den Völkern gedient.

Unter den Mathematikern erarbeiteten *Sophus Lie* (1886) und *Otto Hölder* (1899) neue zukunftweisende Methoden, deren Anwendung in Physik und Technik Bedeutung erlangten. Physiker, so *Ludwig Boltzmann* (1900) und *Peter Debye* (1928), gehören zu den größten Wissenschaftlern dieser Disziplin, sie sind bahnbrechend

[1] Die Klammern nennen das Jahr der Zuwahl.

geworden für die gesamte moderne Naturwissenschaft. Auf dem Gebiet der Medizin haben die Physiologen *Ernst Heinrich Weber* (1846), vor allem aber *Carl Ludwig*, der Lehrer Pawlows, die Anatomen *Wilhelm His* (1885) und *Christian Wilhelm Braune* (1882) und die Gynäkologen *Carl Gustav Carus* (1846) und *Robert Schröder* (1948) Großes geleistet für die Gesundheit des Menschen. Es wirkten bedeutende Mineralogen wie *Karl Friedrich Naumann* (1846) und *Fritz Rinne* (1910) und hervorragende Biologen wie *Wilhelm Pfeffer* (1887). Von den großen Chemikern — neben *Wilhelm Ostwald* (1887) seien nur der Mitbegründer der Elektrochemie in Deutschland *Max Le Blanc* (1890), der Entdecker des Germaniums, der große Freiberger Hüttenchemiker *Clemens Winkler* (1890) und der Tharandter Forstchemiker *Johannes Wislicenus* (1885) genannt, der schon zu seiner Zeit Rauchschäden durch die Industrie für Land- und Forstwirtschaft erkannte und bekämpfte — ist uns der Anorganiker *Arthur Simon* (1948) noch nahe.

Neben ihnen allen wirkten hervorragende Vertreter natur- und geisteswissenschaftlicher Disziplinen und bestimmten durch ihre Leistungen und als vorbildliche wissenschaftliche Lehrer weit über den Rahmen der Sächsischen Akademie der Wissenschaften hinaus das Tempo des Fortschritts von Wissenschaft und Technik.

Materielle Unterstützung konnte die Sächsische Akademie diesen großen Gelehrten für ihr wissenschaftliches Werk kaum gewähren. Wenn viele von ihnen trotzdem ihre Zugehörigkeit zu dieser gelehrten Gesellschaft mit Genugtuung betont, ihrer Arbeit und Entwicklung viel Aufmerksamkeit gewidmet und ihr als Präsidenten oder Sekretare viel Zeit geopfert haben, so lag das am Gefühl der geistigen Verbundenheit aller miteinander, trotz verschiedener wissenschaftlicher Interessen, und dem Wunsch, den eigenen progressiven Ideen im Austausch mit der Gemeinschaft rascher zum Durchbruch zu verhelfen. Ihre tätige Mitgliedschaft entsprang wohl, um ein Wort von *Theodor Frings* zu zitieren, „dem tiefen Bedürfnis des Menschen, sich nicht zu verlieren und im Wandel und Schwanken aller Existenz eine Stätte zu gründen dem Geiste, der fragt und Klarheit schafft, dem Verstande und der Vernunft, die das Erkannte ordnen und verbinden, und die im Ergründen der Zusammenhänge Wahrheit erspüren, Wahrheit, die das Leben erkennen läßt und Leben spendet“.[1] Zu diesem Wunsche, aus dem wohl seit je die Gründung wissenschaftlicher Akademien erwachsen ist, kommt heute die Notwendigkeit der verstärkten interdisziplinären Zusammenarbeit. Fortschritt und Erfolg der Wissenschaft für das Wohl aller Menschen können in Zukunft sicher nur durch interdisziplinäre und internationale Integration gewährleistet werden. Die wissenschaftliche Integration im regionalen Bereich wird die Sächsische Akademie der Wissenschaften mit einer breiten nationalen und internationalen Zusammenarbeit zu verbinden suchen. Wissenschaftlicher Fortschritt, der in vorausschauender, alle Faktoren beachtender Sicht auf das Wohl der ganzen Natur gerichtet ist, braucht wissenschaftliche Gemeinschaften, die in Frieden und Sicherheit, ungestört von nebensächlichen, für die Gesamtentwicklung un-

[1] Festansprache zur Wiedereröffnung am 8. 12. 1948, Jahrbuch der SAW 1949—53, S. 28.

bedeutenden Aufgaben, durch kollektive Zusammenarbeit den fundamentalen Fragen ihre ganze Aufmerksamkeit widmen können. So werden sie bedeutsam für den Bestand unserer sozialistischen Gesellschaft und ihre positive Entwicklung. Zu einer solchen gelehrten Gesellschaft, die unserem Staat und unserem Volk in steter Arbeit dient, sich immer stärker zu entwickeln, wird stets das Anliegen der Sächsischen Akademie sein.

Kurt Schwabe

AUTORENREGISTER

MATHEMATISCH-NATURWISSENSCHAFTLICHE KLASSE

Arland, Anton: *o. Mitglied 1. 7. 1948, Sekretar 1949–1960, stellvertretender Vizepräsident 1958–1959, Vizepräsident 1960–1965.*

— Die Transpirationsintensität der Pflanzen als Grundlage bei der Ermittlung optimaler acker- und pflanzenbaulicher Kulturmaßnahmen. Ein neuer Weg zur Steigerung der Erträge der Kulturpflanzen. — Abh. 44 (1952) H. 2, 80 S. m. 19 Abb., Fig. u. Tab.

— Magnesium im Landbau. — Ber. 103 (1958) H. 1, S. 21–35; neben: **Spackeler,** Georg: Über die Möglichkeit einer Lieferung von Magnesiumsulfat als Düngemittel seitens des Kalibergbaus der Deutschen Demokratischen Republik, S. 5–19. Mit Diskussionsbeiträgen von Arthur **Simon,** Anton **Lissner,** Franz **Runge,** Kurt **Schwabe,** Kurt **Mothes,** Anton **Arland,** S. 36–38.

— „Tyrannei der Erde." Ein Problem des modernen Landbaues. — Abh. 46 (1959) H. 3, 73 S. m. 10 Kunstdrucktaf.

— Diskussionsbeitrag: s. **Langenbeck,** Wolfgang.

Baark, H.: s. **Gerstner,** H.

Beckert, Herbert: Existenz- und Eindeutigkeitsbeweise für das Differenzenverfahren zur Lösung des Anfangswertproblems, des gemischten Anfangs-Randwert- und des charakteristischen Problems einer hyperbolischen Differentialgleichung zweiter Ordnung mit zwei unabhängigen Variablen. — Ber. 97 (1950) H. 4, 42 S. m. 9 Fig.

— Über quasilineare hyperbolische Systeme partieller Differentialgleichungen erster Ordnung mit zwei unabhängigen Variablen. Das Anfangswertproblem, die gemischte Anfangs-Randwertaufgabe, das charakteristische Problem. — Ber. 97 (1950) H. 5, 68 S. m. 8 Fig.

— Bemerkungen über die Verbiegung hyperbolisch gekrümmter Flächenstücke. — Ber. 98 (1951) H. 4, S. 1–16, m. 2 Abb.

Behr, Hans-Jürgen: s. **Scheumann,** Karl Hermann.

Benedict, Ernst (Bearb.): s. **Neef,** Ernst.

Bochmann, Dankward: s. **Lampadius,** Felix.

Bock, Thomas: s. **Scheumann,** Karl Hermann.

Böker, Robert: Die Entstehung der Sternsphäre Arats. — Ber. 99 (1952) H. 5, 68 S. m. 2 Taf., 4 Fig. u. 3 Tab.

Brandt, Heinrich: *o. Mitglied 16. 5. 1949; geb. 8. 11. 1886, gest. 9. 10. 1954.*

— Über das quadratische Reziprozitätsgesetz. — Ber. 99 (1951) H. 1, 17 S.

Brandt, Heinrich: Über Stammfaktoren bei ternären quadratischen Formen. — Ber. 100 (1952) H. 1, 24 S.

— u. **Intrau,** Oskar: Tabellen reduzierter positiver ternärer und quadratischer Formen. — Abh. 45 (1958) H. 4, XIV, 261 S.

Brednow, Walter: *o. Mitglied 5. 12. 1960.*

— Christoph Wilhelm Hufeland, Arzt und Erzieher im Lichte der Aufklärung.— Ber. 105 (1964) H. 6, 25 S.

— Tier und Mensch in Goethes naturwissenschaftlicher Sicht. — Ber. 106 (1965) H. 6, 44 S. m. 12 Taf. im Anhang.

— Von Lavater zu Darwin. — Ber. 108 (1969) H. 6, 31 S. m. 14 Abb. im Anhang.

Bredt, Heinrich: *o. Mitglied 12. 2. 1951, gegenwärtig auswärt. Mitglied, stellvertretender Sekretar 1957—1958.*

— Über den Tod. Eine naturwissenschaftliche Betrachtung. — Ber. 103 (1958) H. 2, 26 S.

Buchheim, Wolfgang: *o. Mitglied 5. 12. 1960.*

— Zur Theorie der geoelektrischen Erkundungsmethodik und Systematik der geoelektromagnetischen Effekte. — Ber. 105 (1964) H. 5, 40 S. m. 2 Tab.

Bürger, Max: *o. Mitglied 16. 1. 1950; geb. 16. 11. 1885, gest. 5. 2. 1966.*

— Die chemische Biomorphose des menschlichen Gehirns. — Abh. 45 (1957) H. 6, 62 S. m. 11 Abb. u. 41 Tab.

— Die chemische Biomorphose des menschlichen Gehirns in ihren Beziehungen zu den Proteolipoiden (PLP). — Abh. 46 (1959) H. 5, 44 S. m. 12 Abb. u. 21 Tab.

— Diskussionsbeitrag: s. **Langenbeck,** Wolfgang.

Diepschlag, Ernst: *o. Mitglied 21. 3. 1949; geb. 20. 2. 1885, gest. 28. 12. 1953.*

— Die Anwendbarkeit der Regelungstechnik in der Hüttenindustrie. — Ber. 99 (1952) H. 3, 37 S. m. 12 Abb.

Eisenreich, Günther: Zur Syzygientheorie und Theorie des universen Systems perfekter Ideale und Vektormoduln in Polynomringen und Stellenringen. — Ber. 109 (1970) H. 3, 88 S.

Emmrich, Rolf: *o. Mitglied 11. 12. 1961, seit 1965 Sekretar.*

— Zur Problematik der Leberzirrhose. — Ber. 106 (1964) H. 3, 16 S. m. 4 Abb. u. einer Tab.

— Realität und Theorie des Alterns. — Ber. 107 (1966) H. 5, 20 S. m. 9 Abb.

Eßbach, Hasso: *o. Mitglied 24. 5. 1965.*

— Die Bedeutung der Morphologie in der Heilkunde. — Ber. 108 (1968) H. 3, 16 S. m. einer Abb. u. 13 Abb. auf 8 Taf. im Anhang.

Focke, Joachim: Asymtotische Entwicklungen mittels der Methode der stationären Phase. — Ber. 101 (1954) H. 3, 48 S.

Frenzel, Walter: *o. Mitglied 11. 12. 1950, später auswärt. Mitglied; geb. 29. 9. 1884, gest. 14. 10. 1970.*

— Untersuchungen an garnverarbeitenden Maschinen. — Abh. 44 (1954) H. 5, 14 S. m. 22 Abb.

Fromme, Albert: *o. Mitglied 13. 2. 1950, später auswärt. Mitglied; geb. 25. 11. 1881, gest. 5. 5. 1966.*
— Die Bedeutung der Entwicklungsgeschichte, besonders des Mesenchyms für die Klinik. — Ber. 99 (1952) H. 4, 24 S.
Gersch, Manfred: *o. Mitglied 11. 12. 1961.*
— Hormone als Regulatoren von Lebensvorgängen. — Ber. 106 (1963) H. 2, 24 S. m. 12 Abb.
— Neuroendokrinologie der Insekten. — Ber. 108 (1968) H. 2, 33 S. m. 12 Abb.
Gerstner, H., **Baark**, H. u. **Graul**, H.: Der Wechselstromwiderstand der Froschhaut. — Ber. 97 (1950) H. 3, 25 S. m. 2 Abb. u. 10 Tab.
Görlich, Paul: *o. Mitglied 15. 3. 1965.*
— u. **Güldner**, Detlef, **Pohl**, Hans-Joachim: „Elektronische Spektralmessung" mit steuerbaren Photovervielfachern. — Ber. 108 (1967) H. 1, 12 S. m. 9 Abb. u. einer Tab.
Graul, H.: s. **Gerstner**, H.
Güldner, Detlef: s. **Görlich**, Paul.
Günther, Paul: Zur Gültigkeit des Huygens'schen Prinzips bei partiellen Differentialgleichungen vom normalen hyperbolischen Typus. — Ber. 100 (1952) H. 2, 43 S.
— Über einige spezielle Probleme aus der Theorie der linearen partiellen Differentialgleichungen zweiter Ordnung. — Ber. 102 (1957) H. 1, 50 S.
Hanson, Horst: *o. Mitglied 7. 12. 1959.*
— Über Proteolyse durch intrazelluläre Proteasen. — Abh. 48 (1963) H. 1, 16 S. m. 10 Abb. u. 7 Tab.
Heidebroek, Enno: *o. Mitglied 1. 7. 1948; geb. 15. 11. 1876, gest. 1. 2. 1955.*
— Über die Beziehungen zwischen Schmierung und Verschleiß bei geschmierter Gleitreibung. — Ber. 98 (1950) H. 2, 36 S. m. 5 Abb.
— Das Verhalten von zähen Flüssigkeiten, insbesondere Schmierflüssigkeiten, in engen Spalten. — Ber. 97 (1950) H. 6, 40 S. m. 24 Abb.
— Die Beziehungen zwischen Härte, Schmierung und Verschleißfestigkeit. — Ber. 100 (1952) H. 4, 40 S. m. 10 Abb.
— Die Verantwortlichkeit des Ingenieurs. — Ber. 101 (1954) H. 5, 22 S.
Hertwig, Paula: *o. Mitglied 14. 3. 1955.*
— Strahlenschäden und Strahlenschutz im zellulären Bereich. — Ber. 102 (1957) H. 6, 43 S. m. 14 Abb. u. 6 Tab.
— Anpassung, Vererbung und Evolution. — Ber. 103 (1959) H. 7, 35 S., 14 Abb.
Hilbig, Harald: Existenzsatz für begrenzte Potentialströmungen mit Totwasser um ein vorgegebenes Hindernis. — Ber. 105 (1964) H. 7, 52 S.
Hölder, Ernst: *o. Mitglied 1. 7. 1948, gegenwärtig auswärt. Mitglied.*
— Über die Variationsprinzipe der Mechanik der Kontinua. — Ber. 97 (1950) H. 2, 13 S.
Intrau, Oskar: Kompositionstafeln quaternärer quadratischer Formen. — Abh. 50 (1970) H. 2, XXIII, 7 Taf.
— s. **Brandt**, Heinrich.

Kegel, Karl: *o. Mitglied 21. 3. 1949; geb. 19. 5. 1876, gest. 5. 3. 1959.*
— Der Salzstock Mirowo bei Provadia in Bulgarien. — Ber. 98 (1951) H. 3, 26 S. m. 9 Abb.

Keller, Ott-Heinrich: *o. Mitglied 15. 9. 1958.*
— Zur Berechnung des Galois'schen Körpers und der Galois'schen Gruppe einer Gleichung in erträglich vielen Schritten. — Ber. 104 (1961) H. 5, 23 S.
— Die Homologiegruppen der Flächen 3. Ordnung. — Ber. 107 (1965) H. 1, 15 S.
— Über eine Definition von S. Lefschetz in der topologischen Schnitttheorie. — Ber. 108 (1969) H. 4, 29 S. m. einer Abb.

Klinkowski, Maximilian: *o. Mitglied 5. 12. 1960; geb. 24. 5. 1904, gest. 22. 6. 1971.*
— Analyse der Virosen des Stern- und Steinobstes. — Abh. 47 (1963) H. 6, 37 S. m. 35 Abb. u. 3 Tab.
— Die Phytoalexin-Theorie von K. O. Müller. — Abh. 49 (1966) H. 3, 23 S. m. 15 Abb.

Klötzler, Rolf: Beiträge zur Theorie mehrdimensionaler Variationsprobleme mit geknickten Extremalen. — Ber. 102 (1958) H. 5, 72 S.
— Die Konstruktion geodätischer Felder im Großen in der Variationsrechnung mehrfacher Integrale. — Ber. 104 (1961) H. 6, 84 S.

Krupp, Helmar: Bestimmung der allgemeinen Lösung der Schrödinger-Gleichung für Coulomb-Potential. — Ber. 97 (1950) H. 8, 28 S.

Lampadius, Felix: Der Burkhardtswald bei Aue als klassisches Beispiel waldbaulicher Rauchschadenabwehr. — Abh. 50 (1969) H. 3, 24 S. u. eine Kartenskizze im Anhang.
— u. **Bochmann,** Dankward: Erfahrungen zur Abwehr von chronischen Rauchschäden mit waldbaulichen Mitteln im westsächsischen Hügelland. — Abh. 49 (1967) H. 4, 20 S. m. 11 Tab. u. 9 Abb. auf 4 Taf. im Anhang.

Langenbeck, Wolfgang: *o. Mitglied 10. 5. 1954, später auswärt. Mitglied; geb. 21. 6. 1899, gest. 27. 3. 1967.*
— Aktivierung als Kernproblem der Katalyse. — Abh. 45 (1956) H. 3, 20 S. m. 14 Abb. u. 4 Tab.
— Zur Biochemie der Spurenmetalle. — Ber. 103 (1959) H. 5, 14 S. m. 4 Tab. u. Diskussionsbeiträgen von Anton **Arland,** Max **Bürger,** Kurt **Schwabe,** Arthur **Simon,** Erich **Strack,** Wilhelm **Treibs,** S. 15—16.
— Über den Mechanismus von Enzymwirkungen. — Ber. 106 (1965) H. 5, 19 S. m. 7 Abb.

Lauckner, Magda: s. **Neef,** Ernst.

Lissner, Anton: *o. Mitglied 11. 2. 1957; geb. 21. 8. 1885, gest. 6. 2. 1970.*
— Charakteristische Eigenschaften der Braunkohlen. — Ber. 104 (1960) H. 2, 20 S. m. 10 Abb. u. 3 Tab.
— Diskussionsbeitrag: s. **Arland,** Anton u. **Spackeler,** Georg.

Mahn, Ernst-Gerhard: Vegetationsaufbau und Standortsverhältnisse der kontinental beeinflußten Xerothermrasengesellschaften Mitteldeutschlands. — Abh. 49 (1965) 138 S. m. 24 Abb., davon 20 auf 8 Taf., u. 37 Tab.

Maier, Wilhelm: *o. Mitglied 5. 12. 1960.*
— Aus der analytischen Zahlentheorie. — Ber. 105 (1963) H. 4, 15 S.
— Nichteuklidische Volumina. — Ber. 107 (1967) 20 S. m. 16 Abb.

Matzen, Peter Friedrich: *o. Mitglied 7. 12. 1964, stellvertretender Sekretar seit 1965.*
— Probleme der operativen Skoliosenbehandlung. — Abh. 50 (1968) H. 1, 26 S. m. 29 Abb.

Merrem, Georg: *o. Mitglied 5. 12. 1960; geb. 2. 9. 1908, gest. 8. 7. 1971.*
Die klinisch-biologische Wertigkeit der Hirngeschwülste. — Ber. 105 (1962) H. 2, 23 S. m. 7 Abb. u. 2 Tab.

Mothes, Kurt: *o. Mitglied 10. 5. 1954.*
— Diskussionsbeitrag: s. **Arland,** Anton u. **Spackeler,** Georg.

Müller, Alfred: Die Schaubarkeit in der Axonometrie. — Ber. 100 (1952) H. 3, 22 S. m. 3 Taf.

Neef, Ernst: *o. Mitglied 17. 11. 1956, stellvertretender Sekretar 1959—1960, Sekretar 1960—1965, stellvertretender Vizepräsident 1962—1965, Vizepräsident seit 1965.*
— Über die Veränderlichkeit unserer geographischen Umwelt. — Ber. 103 (1959) H. 4, 19 S.
— Geographische Maßstabsbetrachtungen zur Wasserhaushaltsgleichung. — Abh. 48 (1964) H. 5, 19 S. m. 3 Abb. u. 2 Tab. im Text u. 2 Ktn im Anhang.
— Bibliographie zur geographischen Landesforschung im sächsisch-thüringischen Raum. I. Bibliographische Hilfsmittel, bearb. von Ernst **Benedict.** — Abh. 48 (1965) H. 2, VI, 158 S.
— u. **Schmidt,** Gerhard, **Lauckner,** Magda: Landschaftsökologische Untersuchungen an verschiedenen Physiotopen in Nordwestsachsen. — Abh. 47 (1961) H. 1, 112 S. m. 16 Abb., 38 Tab. u. 19 Anlagen.

Nitzsche, Peter: Zur Theorie der Geoisothermen-Verschiebung in der Umgebung von heißen Intrusivkörpern. — Abh. 48 (1964) H. 3, 71 S. m. 25 Abb.

Obenaus, Fritz: *o. Mitglied 7. 12. 1959.*
— An der Grenze zwischen Hochspannungstechnik und Physik. — Ber. 105 (1961) H. 1, 19 S. m. 10 Abb.

Peiper, Albrecht: *o. Mitglied 14. 3. 1955; geb. 23. 10. 1889, gest. 7. 10. 1968.*
— Die Schwerkraftreflexe des Säuglings. — Abh. 46 (1959) H. 4, 16 S. m. 24 Abb.
— Der Aufstieg zum Menschen. — Abh. 47 (1963) H. 5, 26 S. m. 18 Abb.
— Kindernöte in alten Zeiten. — Ber. 106 (1964) H. 4, 26 S. m. 4 Abb.

Pfeifer, Richard Arwed: *o. Mitglied 16. 5. 1949; geb. 21. 11. 1877, gest. 15. 3. 1957.*
— Das rote Kernsystem und die Haltungs- und Stellreflexe beim Menschen. — Abh. 44 (1954) H. 4, 48 S. u. 57 Abb.

Pirl, Udo: Positive Lösungen einer nichtlinearen Integralgleichung. — Ber. 101 (1953) H. 2, 44 S. m. 2 Fig.

Pohl, Hans-Joachim: s. **Görlich,** Paul.

Prell, Heinrich: *o. Mitglied 12. 2. 1951; geb. 11. 10. 1888, gest. 25. 4. 1962.*
— Die Vorstellungen des Altertums von der Erdumfangslänge. — Abh. 46 (1959) H. 1, 94 S. m. 3 Tab.

Prell, Heinrich: Bemerkungen zur Geschichte der englischen Längenmaß-Systeme. Ber. 104 (1962) H. 4, 74 S. m. 3 Tab.

Rammler, Erich: *o. Mitglied 15. 9. 1958.*

— Über die Theorien der Braunkohlenbrikettentstehung unter besonderer Würdigung der Verdienste des Akademie-Mitgliedes Karl Kegel. — Ber. 109 (1970) H. 1, 38 S. m. 13 Abb.

Reissig, Rolf: Die pandiagonalen Quadrate vierter Ordnung. — Ber. 100 (1952) H. 6, 54 S.

Renschuch, Bodo: Verallgemeinerungen des Bezoutschen Satzes. — Ber. 107 (1966) H. 4, 41 S.

Robitzsch, Max: *o. Mitglied 17. 7. 1950; geb. 2. 2. 1887, gest. 10. 6. 1952.*

— Die Erforschung der Atmosphäre, ihre Methodik und ihre Probleme. — Ber. 100 (1953) H. 7, 30 S. m. 12 Abb.

Runge, Franz: *o. Mitglied 14. 3. 1955.*

— Über die Polymerisation ungesättigter organischer Verbindungen. — Ber. 102 (1957) H. 3, 13 S.

— Grignard und die nach ihm benannte Synthese. — Ber. 107 (1966) H. 2, 17 S. m- m. 3 Abb.

— Organische Disulfimide in Wissenschaft und Technik. — Ber. 108 (1969) H. 7, 24 S. m. 2 Abb.

— Diskussionsbeitrag: s. **Arland,** Anton u. **Spackeler,** Georg.

Salié, Hans: Über Abels Verallgemeinerung der binomischen Formel. — Ber. 98 (1951) H. 4, S. 17—22.

— Zur Verteilung natürlicher Zahlen auf elementfremde Klassen. — Ber. 101 (1954) H. 4, 26 S.

Schäfer, Hans: Neue Existenzsätze in der Theorie nichtlinearer Integralgleichungen. — Ber. 101 (1955) H. 7, 40 S.

Scheumann, Karl Hermann: *o. Mitglied 5. 5. 1930, später auswärt. Mitglied; geb. 25. 2. 1881, gest. 28. 4. 1964.*

— Boudinagen und Mikroboudinagen im metagabbrischen Plagioklas-Amphibolit von Roßwein (Sächs. Granulitgebirge). — Abh. 45 (1956) H. 1, 18 S. m. 2 Tab. u. 3 Fig. im Text u. 40 Abb. auf 12 Taf.

— Das Kornerupingestein von Waldheim in seinem genetischen Zusammenhang. — Abh. 47 (1960) H. 2, 23 S. u. 12 Abb. auf 6 Taf.

— u. **Bock,** Thomas: Die Stellung des Cordierits in metatektischen Granulitderivaten des sächsischen Granulitgebirges. — Abh. 47 (1961) H. 3, 14 S. u. 18 Abb. auf 9 Taf.

— u. **Behr,** Hans-Jürgen: Konvergenzerscheinungen am Rande des Sächsischen Granulits. — Abh. 47 (1963) H. 4, 20 S. m. einer Kte, 13 Abb. u. 6 Diagrammen auf 10 Taf.

Schincke, Erich: Stetige schallnahe Potentialströmungen um eine Familie symmetrischer Profile mit abgerundeter Nase und ihre Grenzlinieneigenschaften. — Ber. 105 (1963) H. 3, 73 S. m. 23 Abb.

— s. **Schubert,** Hans.

Schmalfuß, Karl: *o. Mitglied 10. 5. 1954.*

— Einige systematische Untersuchungen zum Problem der Bodenfruchtbarkeit. — Abh. 45 (1956) H. 5, 31 S. m. 7 Abb. u. 17 Tab.

— Über das Ausmaß der biologischen Bindung des elementaren Stickstoffs. Der Einfluß assimilierbarer Stickstoffverbindungen. — Ber. 104 (1960) H. 1, 19 S. m. 2 Abb. u. 6 Tab.

— Zur Kenntnis der Bodenbildung. — Ber. 107 (1966) H. 3, 13 S. m. 4 Tab.

Schmidt, Gerhard: s. **Neef**, Ernst.

Schnee, Walter: Über magische Quadrate und lineare Gitterpunktprobleme. — Ber. 98 (1951) H. 1, 47 S.

Schröder, Robert: *o. Mitglied 1. 7. 1948, Vizepräsident 1959; geb. 3. 8. 1884, gest. 13. 10. 1959.*

— Frauenheilkunde in Forschung und Praxis. — Ber. 100 (1952) H. 5, 21 S.

Schubert, Hans: Über eine lineare Integrodifferentialgleichung mit Zusatzkern. — Ber. 97 (1950) H. 7, 52 S.

— u. **Schincke**, Erich: Zur Ermittlung von Unterschallströmungen mit der Transformationsmethode bei quadratischer Approximation der Adiabate. — Ber. 101 (1955) H. 6, 32 S. m. 6 Abb. u. 2 Tab.

— u. **Schincke**, Erich: Zum Konturproblem der Hodographenmethode im Unterschall. — Ber. 102 (1957) H. 2, 25 S.

— u. **Schincke**, Erich: Die Berechnung einer zirkulationslosen Unterschallströmung um den Kreiszylinder mit der Hodographenmethode. — Ber. 103 (1959) H. 6, 42 S. m. 12 Abb. u. 4 Tab.

Schulze, Gustav E. R.: *o. Mitglied 5. 12. 1960.*

— Geometrische Prinzipien beim Gitteraufbau intermetallischer Verbindungen. Ein Beitrag zum 50jährigen Jubiläum der Laue'schen Entdeckung der Kristallgitter-Interferenzen. — Abh. 48 (1963) H. 4, 18 S. m. 12 Abb. u. einer Tab.

Schwabe, Kurt: *o. Mitglied 11. 12. 1950, Präsident seit 1965.*

— Periodische Erscheinungen bei der anodischen Auflösung des Zinks. — Ber. 101 (1954) H. 1, 33 S. m. 14 Abb. u. 4 Tab.

— Chemische Kinetik und Polarographie. — Abh. 44 (1955) H. 6, 19 S. m. 8 Abb. u. 2 Tab.

— Über Aziditätsmasse. — Abh. 46 (1959) H. 2, 24 S. m. 15 Fig. u. 3 Tab.

— Elektroenergie und Brennstoffelemente. — Abh. 49 (1966) H. 2, 19 S. m. 13 Abb. u. 8 Tab.

— Konzentrierte Elektrolytlösungen. Thermodynamische und kinetische Eigenschaften. (In Vorbereitung.)

— Diskussionsbeitrag: s. **Arland**, Anton u. **Spackeler**, Georg; **Langenbeck**, Wolfgang.

— (Hrsg.): s. Internationales **Symposium Brennstoffelemente.**

Schwarz, Egbert: *o. Mitglied 7. 12. 1959; geb. 22. 6. 1890, gest. 23. 12. 1966.*

— Über die Entwicklung der Herzchirurgie und ihre heutige Bedeutung. — Jb. 1960—1962 (Berlin 1964) S. 419—432 m. 4 Abb. u. 7 Abb. auf 5 Taf.

Schwarz, Egbert: Über experimentelle Untersuchungen und klinische Erfahrungen beim alloplastischen Ersatz von Blutgefäßen. — Ber. 106 (1963) H. 1, 22 S. m. 11 Abb.

Simon, Arthur: *o. Mitglied 1. 7. 1948, Vizepräsident 1959—1962; geb. 25. 2. 1893, gest. 5. 5. 1962.*

— Über Untersuchungen am ferromagnetischen Träger des Magnettonbandes. — Abh. 45 (1956) H. 2, 16 S. m. 24 Abb.

— Gitteraufbau und Katalyse bei der Gasentschwefelung. — Ber. 104 (1961) H. 7, 21 S. m. 12 Abb.

— Diskussionsbeitrag: s. **Arland,** Anton u. **Spackeler,** Georg; **Langenbeck,** Wolfgang.

Spackeler, Georg: *o. Mitglied 16. 1. 1950; geb. 1. 2. 1883, gest. 6. 6. 1960.*

— Der Gebirgsdruck und seine Beherrschung durch den Bergmann. — Ber. 99 (1951) H. 2, 35 S. m. 12 Abb.

— Über die Möglichkeit einer Lieferung von Magnesiumsulfat als Düngemittel seitens des Kalibergbaus der Deutschen Demokratischen Republik. — Ber. 103 (1958) H. 1, S. 5—19 m. 3 Abb.; neben: **Arland,** Anton: Magnesium im Landbau, S. 21—35, mit Diskussionsbeiträgen von Arthur **Simon,** Anton **Lissner,** Franz **Runge,** Kurt **Schwabe,** Kurt **Mothes,** Anton **Arland,** S. 36—38.

Stather, Fritz: *o. Mitglied 15. 9. 1958.*

— Zur Charakteristik pflanzlicher und synthetischer Gerbstoffe und deren kombinierte Verwendung bei der Gerbung. — Ber. 104 (1960) H. 3, 19 S.

Staude, Herbert: *o. Mitglied 17. 11. 1956, gegenwärtig auswärt. Mitglied.*

— Versuche zur Natur des latenten Bildes und ihre Deutung. — Ber. 106 (1965) H. 7, 33 S. m. 7 Abb.

Sterba, Günther: Über die morphologischen und histogenetischen Thymusprobleme bei Xenopus Laevis Daudin nebst einigen Bemerkungen über die Morphologie der Kaulquappen. — Abh. 44 (1950) H. 1, 54 S. m. Fig. u. 7 Taf.

Strack, Erich: *o. Mitglied 14. 2. 1949, stellvertretender Sekretar 1960—1965.*

— Beobachtungen über den endogenen Anteil des Kot-Stickstoffs. — Ber. 97 (1949) H. 1, 21 S.

— Die Dauerinfusion als Verfahren zur Erforschung des Kohlenhydratstoffwechsels des Tierkörpers. — Ber. 98 (1952) H. 5, 20 S.

— Diskussionsbeitrag: s. **Langenbeck,** Wolfgang.

Stubbe, Hans: *o. Mitglied 13. 2. 1950.*

— Über einige theoretische und praktische Fragen der Mutationsforschung. — Abh. 44 (1952) H. 3, 23 S., 17 Tab. u. 37 Abb.

Symposium Brennstoffelemente, Internationales. Dresden, 29. 3.—1. 4. 1967. Hrsg. von Kurt **Schwabe** unter Mitarbeit von Eberhard **Winkler.** — Abh. 49 (1968) H. 5, 366 S. m. 228 Abb. u. 40 Tab.

Treibs, Wilhelm: *o. Mitglied 14. 3. 1955, gegenwärtig auswärt. Mitglied.*

— Entwicklungslinien der organischen Chemie. — Ber. 102 (1957) H. 7, 25 S.

— Diskussionsbeitrag: s. **Langenbeck,** Wolfgang.

Tutschke, Wolfgang: Das Reziprozitätstheorem für eine Klasse pseudoholomorpher Funktionen mehrerer komplexer Variabler. — Ber. 108 (1969) H. 5, 19 S.

Vâlcovici, Victor: Une extension des liaisons non holonomes et des principes variationels. — Ber. 102 (1958) H. 4, 39 S.

Winkler, Eberhard (Mitarbeiter): s. **Symposium Brennstoffelemente,** Internationales.

Wolfersdorf, Lothar von: Zur Berechnung optimaler Strategien für Spiele über dem Einheitsquadrat mit an der Hauptdiagonalen unstetigen Auszahlungsfunktionen. — Ber. 107 (1967) H. 7, 53 S.

Wussing, Hans: Über Einbettung endlicher Gruppen. — Ber. 103 (1958) H. 3, 38 S.

PHILOLOGISCH-HISTORISCHE KLASSE

Aistleitner, Joseph: *korresp. Mitglied 4. 5. 1959: geb. 2. 5. 1883, gest. 9. 9. 1960.*
— Untersuchungen zur Grammatik des Ugaritischen. — Ber. 100 (1954) H. 6, 187 S.
— Wörterbuch der ugaritischen Sprache. Herausgegeben von Otto **Eißfeldt.** — Ber. 106 (1963) H. 3, VIII, 362 S.; 2., verb. Aufl. (1965), XVI, 362 S.; 3., durchges. u. erg. Aufl. (1967), XV, 364 S.

Alt, Albrecht: *o. Mitglied 19. 11. 1932; geb. 20. 9. 1883, gest. 24. 4. 1956.*
— Der Stadtstaat Samaria. — Ber. 101 (1954) H. 5, 64 S.
— Die Herkunft der Hyksos in neuer Sicht. — Ber. 101 (1954) H. 6, 40 S.

Aro, Jussi: Mittelbabylonische Kleidertexte der Hilprecht-Sammlung Jena. Mit einem Anhang: Fünf alt-, mittel- und neubabylonische Texte verschiedenen Inhalts aus der gleichen Sammlung. — Ber. 115 (1970) H. 2, 42 S.

Baetke, Walter: *o. Mitglied 19. 6. 1953.*
— Die Götterlehre der Snorra-Edda. — Ber. 97 (1950) H. 3, 68 S.
— Christliches Lehngut in der Sagareligion. Das Svoldr-Problem. Zwei Beiträge zur Sagakritik. — Ber. 98 (1951) H. 6, 135 S.
— Über die Entstehung der Isländersagas. — Ber. 102 (1956) H. 5, 109 S.
— Yngvi und die Ynglinger. Eine quellenkritische Untersuchung über das nordische „Sakralkönigtum". — Ber. 109 (1964) H. 3, 182 S.
— Wörterbuch zur altnordischen Prosaliteratur. Band I: A—L. — Ber. 111 (1965) H. 1, XI, S. 1—398.
— Wörterbuch zur altnordischen Prosaliteratur. Band II: M—Ø. — Ber. 111 (1968) H. 2, S. 399—822.

Bahner, Werner: *o. Mitglied 24. 5. 1965, gegenwärtig auswärt. Mitglied.*
— Die lexikalischen Besonderheiten des Frühromanischen in Südosteuropa. — Ber. 115 (1970) H. 3, 124 S.

Barwick, Karl: *o. Mitglied 14. 2. 1949; geb. 14. 5. 1883, gest. 23. 3. 1965.*
— Caesars Bellum Civile. (Tendenz, Abfassungszeit und Stil.) — Ber. 99 (1951) H. 1, 178 S.
— Der Dialogus de oratoribus des Tacitus. (Motive und Zeit seiner Entstehung.) — Ber. 101 (1954) H. 4, 42 S.
— Probleme der stoischen Sprachlehre und Rhetorik. — Abh. 49 (1957) H. 3, 111 S.
— Martial und die zeitgenössische Rhetorik. — Ber. 104 (1959) H. 1, 48 S.

Barwick, Karl: Das rednerische Bildungsideal Ciceros. — Abh. 54 (1963) H. 3, 90 S.

Behn, Friedrich: *o. Mitglied 14. 2. 1949, später auswärt. Mitglied; geb. 14. 2. 1883, gest. 15. 8. 1970.*

— Vorgeschichtliche Felsbilder in Karelien und West-Sibirien. — Ber. 98 (1950) H. 2, 16 S. u. Abb. auf 4 Taf. im Anhang.

— Vorgeschichtliches Maskenbrauchtum. — Ber. 102 (1955) H. 1, 23 S. u. Abb. auf 16 Taf. im Anhang.

— Die Entstehung des deutschen Bauernhauses. — Ber. 103 (1957) H. 3, 77 S. u. 42 Taf. im Anhang.

— Zur Problematik der Felsbilder. — Abh. 54 (1962) H. 1, 89 S. u. 175 Abb. auf 64 Taf. im Anhang.

Beiträge zum Slawischen Onomastischen Atlas. Theodor Frings zum Gedächtnis. Hrsg. von Rudolf **Fischer** u. Ernst **Eichler.** — Abh. 61 (1970) H. 2, 198 S. m. 28 Ktn u. 4 Tab.

Besseler, Heinrich: *o. Mitglied 14. 3. 1955; geb. 2. 4. 1900, gest. 25. 7. 1969.*

— Das musikalische Hören der Neuzeit. — Ber. 104 (1959) H. 6, 80 S. m. 15 Notenbeispielen.

Beziehungen, Deutsch-tschechische, im Bereich der Sprache und Kultur. Aufsätze und Studien. Hrsg. von Bohuslav **Havránek** u. Rudolf **Fischer.** — Abh. 57 (1965) H. 2, 219 S.

Beziehungen, Deutsch-tschechische, im Bereich der Sprache und Kultur. Aufsätze und Studien II. Hrsg. von Bohuslav **Havránek** u. Rudolf **Fischer.** — Abh. 59 (1968) H. 2, 180 S. m. 8 Ktn u. 3 Tab.

Bibliographie zur Vor- und Frühgeschichte Mitteldeutschlands, hrsg. von Martin **Jahn.**

Band 1, Walther **Schulz:** Sachsen-Anhalt und Thüringen.

Teil 1: Vom 16. Jahrhundert bis zur Mitte des 19. Jahrhunderts. — Abh. 47 (1955) H. 1, 162 S.

Teil 2a: I. Allgemeiner Teil. II. Archäologie und Ergänzungswissenschaften: Umwelt, Mensch, Archäologie 1866—1953. — Abh. 50 (1959) H. 1a, XXI, S. 1—652.

Teil 2b: Historische Überlieferung, Ortsnamenüberlieferung, Volksüberlieferung, Darstellungen, 1953. — Abh. 50 (1962) H. 1b, XII, S. 653—942.

Band 2, Georg **Bierbaum:** Land Sachsen.

Teile 1 u. 2: Vom 16. Jahrhundert bis gegen Ende des 19. Jahrhunderts. — Abh. 48 (1957) H. 2, S. 1—190.

Teil 3a: Gegen Ende des 19. Jahrhunderts bis über Mitte des 20. Jahrhunderts. Land, Bewohner, Kultur, Zeitabschnitte. — Abh. 55 (1969) H. 1a, S. 191—873.

Teil 3b: Gegen Ende des 19. Jahrhunderts bis über Mitte des 20. Jahrhunderts. Denkmalspflege, Allgemeines, Verzeichnisse. — Abh. 55 (1970) H. 1b, S. 875 bis 1334 m. einer Beilage I—VI.

Bierbaum, Georg: s. **Bibliographie zur Vor- und Frühgeschichte Mitteldeutschlands,** hrsg. von Martin **Jahn.**

Bischoff, Karl: *o. Mitglied 14. 3. 1955, gegenwärtig auswärt. Mitglied.*
— Zur Geschichte des Niederdeutschen südlich der *ik/ich*-Linie zwischen Harz und Saale. — Ber. 102 (1957) H. 6, 47 S. m. 10 Abb.
— Sprachliche Beziehungen zwischen niederdeutschem Altland und Neuland im Bereich der mittleren Elbe. — Ber. 103 (1958) H. 4, 53 S. m. 20 Abb.

Blanár, Vincent: s. **Fischer,** Rudolf.

Blumenthal, Elke: Untersuchungen zum ägyptischen Königtum des Mittleren Reiches. I. Phraseologie. — Abh. 61 (1970) H. 1, 471 S.

Blumenthal, Lieselotte: *o. Mitglied 5. 12. 1960.*
— Schillers Dramenplan „Die Prinzessin von Zelle". — Abh. 56 (1963) H. 2, I,1—VII,2 (Lichtdrucktaf.), S. 9—68.
— Schiller und die jungen Dichter. — Ber. 114 (1968) H. 3, 36 S.

Bönisch, Fritz: Genauigkeitsuntersuchungen am Öderschen Kartenwerk von Kursachsen. — Abh. 61 (1970) H. 3, 67 S. m. 7 Ktn im Anhang.

Brentjes, Helga: Die Imamatslehren im Islam nach der Darstellung des Asch'arī. — Abh. 54 (1964) H. 5, 58 S. u. 4 Taf.

Brockelmann, Karl: *o. Mitglied 1. 7. 1948; geb. 17. 9. 1868, gest. 6. 5. 1956.*
— Abessinische Studien. — Ber. 97 (1950) H. 4, 60 S.

Buchda, Gerhard: *o. Mitglied 15. 9. 1958.*
— Diskussionsbeitrag: s. **Müller,** Joachim.

Diesner, Hans-Joachim: Die Auswirkungen der Religionspolitik Thrasamunds und Hilderichs auf Ostgoten und Byzantiner. — Ber. 113 (1967) H. 3, 23 S.

Dietze, Joachim: s. **Fischer,** Rudolf.

Dornseiff, Franz: *o. Mitglied 14. 2. 1949; geb. 20. 3. 1888, gest. 22. 5. 1960.*
— Verschmähtes zu Vergil, Horaz und Properz. — Ber. 97 (1951) H. 6, 108 S.
— (Hrsg.): s. **Wörterbuch, Rückläufiges, der griechischen Eigennamen.**

Ebert, Joachim: Zum Pentathlon der Antike. Untersuchungen über das System der Siegerermittlung und die Ausführung des Halterensprunges. — Abh. 56 (1963) H. 1, 66 S. m. 5 Tab., 11 Abb. auf 6 Taf. u. einer Bildreihe auf einer Ausschlagtaf.

Eichler, Ernst: s. **Fischer,** Rudolf.
— (Hrsg.): s. **Beiträge zum Slawischen Onomastischen Atlas.** Theodor Frings zum Gedächtnis.
— (Hrsg.): s. **Onomastica Slavogermanica.** V. Rudolf Fischer zum 60. Geburtstag gewidmet.
— (Bearb.): s. **Materialien zum Slawischen Onomastischen Atlas.** Eingeleitet und redigiert von Rudolf **Fischer.**
— (Redakt.): s. **Onomastica Slavogermanica.** I. III.

Eißfeldt, Otto: *o. Mitglied 1. 7. 1948.*
— El im ugaritischen Pantheon. — Ber. 98 (1951) H. 4, 83 S. m. einer Tafel.
— Das Lied Moses Deuteronomium 32,1—43 und das Lehrgedicht Asaphs Psalm 78 samt einer Analyse der Umgebung des Mose-Liedes. — Ber. 104 (1958) H. 5, 54 S.

Eißfeldt, Otto: Der Beutel des Lebendigen. Alttestamentliche Erzählungs- und Dichtungsmotive im Lichte neuer Nuzi-Texte. — Ber. 105 (1960) H. 6, 40 S. m. 2 Abb. u. 10 Abb. auf 7 Taf. im Anhang.

— Stammessage und Menschheitserzählung in der Genesis. — Wahrheit und Dichtung in der Ruth-Erzählung. — Ber. 110 (1965) H. 4, 28 S.

— Die Komposition der Sinai-Erzählung Exodus 19—34. — Ber. 113 (1966) H. 1, 31 S.

— Adonis und Adonaj. — Ber. 115 (1970) H. 4, 28 S. u. 16 Abb. auf 15 Taf. im Anhang.

— (Hrsg.): Franz Delitzsch und Wolf Graf Baudissin. Dokumente über die Anfänge ihrer Freundschaft aus dem Erlanger Wintersemester 1866/67. — Ber. 112 (1966) H. 2, 28 S. u. 21 Taf. im Anhang.

— (Hrsg.): s. **Aistleitner,** Joseph.

Erkes, Eduard: *o. Mitglied 17. 7. 1950; geb. 23. 7. 1891, gest. 2. 4. 1958.*

— Das Problem der Sklaverei in China. — Ber. 100 (1952) H. 1, 30 S.

— Die Entwicklung der chinesischen Gesellschaft von der Urzeit bis zur Gegenwart. — Ber. 100 (1953) H. 4, 30 S.

— Neue Beiträge zur Geschichte des Choukönigs Yu. — Ber. 101 (1954) H. 3, 44 S.

Finsterbusch, Käte: Das Verhältnis des Schan-hai-djing zur bildenden Kunst. — Abh. 46 (1952) H. 1, VII, 136 S. u. 40 Abb. auf 14 Taf. im Anhang.

Fischer, Rudolf: *o. Mitglied 14. 3. 1955; geb. 18. 12. 1910, gest. 2. 8. 1971.*

— Schillers Widerhall in der russischen Literatur. — Ber. 103 (1958) H. 5, 26 S.

— Erkenntnisse und Aufgaben der slawistischen Namenforschung. Mit einer Bibliographie der Leipziger namenkundlichen Arbeitsgruppe. — Ber. 105 (1959) H. 1, 34 S.

— Schiller und Böhmen. — Ber. 105 (1959) H. 3, 27 S.

— August Schleicher zur Erinnerung. Mit einem Diskussionsbeitrag von Joachim **Müller** und Joachim **Dietze.** — Ber. 107 (1962) H. 5, 52 S. m. einer Taf. zum Titel.

— Studien zur tschechischen Literatur. Mit einer Bibliographie tschechischer literarischer Werke in deutschen Übersetzungen 1945—1964 von Wolfgang **Preuss.** — Ber. 110 (1965) H. 5, 70 S.

— u. **Eichler,** Ernst, **Naumann,** Horst, **Walther,** Hans: Leipziger namenkundliche Beiträge. Mit einer Bibliographie der Leipziger namenkundlichen Arbeitsgruppe (2. Folge). — Ber. 106 (1961) H. 5, 127 S. m. einer Abb. u. 3 Ktn.

— u. **Walther,** Hans, **Schultheis,** Johannes, **Eichler,** Ernst, **Hengst,** Karlheinz, **Blanár,** Vincent: Leipziger namenkundliche Beiträge. II. Mit einer Bibliographie der Leipziger namenkundlichen Arbeitsgruppe (4. Folge). — Ber. 113 (1968) H. 4, 102 S.

— (Hrsg.): s. **Beiträge zum Slawischen Onomastischen Atlas.** Theodor Frings zum Gedächtnis.

— (Hrsg.): s. **Beziehungen, Deutsch-tschechische, im Bereich der Sprache und Kultur.** Aufsätze und Studien. I und II.

Fischer, Rudolf: (Hrsg.): s. **Onomastica Slavogermanica.** I. III.
— s. **Materialien zum Slawischen Onomastischen Atlas.** Eingeleitet und redigiert von Rudolf **Fischer.**

Fleischer, Wolfgang: Strukturelle Untersuchungen zur Geschichte des Neuhochdeutschen. — Ber. 112 (1966) H. 6, 120 S.

Franckes, August Hermann, Schrift über eine Reform des Erziehungs- und Bildungswesens als Ausgangspunkt einer geistlichen und sozialen Neuordnung der Evangelischen Kirche des 18. Jahrhunderts. — Der Große Aufsatz. Mit einer quellenkundlichen Einführung herausgegeben von Otto **Podczeck.** — Abh. 53 (1962) H. 3, 163 S.

Frings, Theodor: *o. Mitglied 1. 7. 1930, Sekretär 1933—1937, Präsident 1948—1965; geb. 23. 7. 1886, gest. 6. 6. 1968.*
— Antike und Christentum an der Wiege der deutschen Sprache. — Ber. 97 (1949) H. 1, 35 S.
— Germania Romana und Romania Germanica zwischen Mittelmeer, Rhein und Elbe. Zur Geschichte romanisch-germanischer Wörter im Bereich *salix* ‚Weide'. Mit Beiträgen von Gertraud Müller, Leipzig, R. Lievens, Leiden, F. de Tollenaere, Leiden. — Ber. 108 (1963) H. 5, 43 S. u. 2 Ktn im Anhang.
— u. **Lerchner,** Gotthard: Niederländisch und Niederdeutsch. Aufbau und Gliederung des Niederdeutschen. — Ber. 110 (1966) H. 6, 153 S. m. einer Abb. u. 23 Ktn im Anhang.
— s. **Müller,** Gertraud.

Fück, Johann: *o. Mitglied 1. 7. 1948.*
— Arabiya. Untersuchungen zur arabischen Sprach- und Stilgeschichte. — Abh. 45 (1950) H. 1, 148 S.

Germann, Dietrich: Eduard Sievers' Jenaer Tätigkeit. — Jb. 1957—1959 (Berlin 1961) S. 419—440.

Geyer, Bernhard: Das Stadtbild Alt-Dresdens. Baurecht und Baugestaltung. — Abh. 51 (1964) H. 2, 110 S. u. 35 Abb. auf 22 Taf. im Anhang.

Götz, Heinrich: Leitwörter des Minnesangs. — Abh. 49 (1957) H. 1, 189 S.

Große, Rudolf: *o. Mitglied 24. 5. 1965.*
— Die obersächsischen Mundarten und die deutsche Schriftsprache. In: **Hochsprache und Mundart** in Gebieten mit fremdsprachigen Bevölkerungsteilen. — Ber. 105 (1961) H. 5, S. 7—32.
— Die mitteldeutsch-niederdeutschen Handschriften des Schwabenspiegels in seiner Kurzform. Sprachgeschichtliche Untersuchung. — Abh. 56 (1964) H. 4, 127 S. m. 6 Tab.
— (Hrsg.): s. **Onomastica Slavogermanica.** V. Rudolf Fischer zum 60. Geburtstag gewidmet.

Grundmann, Herbert: *korresp. Mitglied 11. 2. 1957; geb. 14. 2. 1902, gest. 20. 3. 1970.*
— Vom Ursprung der Universität im Mittelalter. — Ber. 103 (1957) H. 2, 66 S.

Hansen, Bernhard: s. **Wörterbuch, Rückläufiges, der griechischen Eigennamen,** hrsg. von Franz **Dornseiff.**

Hauschild, Richard: *o. Mitglied 7. 12. 1959.*
— Über die frühesten Arier im alten Orient. — Ber. 106 (1962) H. 6, 59 S. m. einer Kte im Anhang.
— Mistra — die Faustburg Goethes. Erinnerungen an eine Griechenlandfahrt. — Abh. 54 (1963) H. 4, 26 S. u. 16 Abb. auf 8 Taf. im Anhang.
— Die indogermanischen Völker und Sprachen Kleinasiens. — Ber. 109 (1964) H. 1, 119 S.
— Die Aṣṭāvakra-Gītā. Bearbeitung und Übersetzung. — Abh. 58 (1967) H. 2, 128 S. u. 4 Taf. im Anhang.
Havránek, Bohuslav: *korresp. Mitglied 10. 12. 1962.*
— (Hrsg.): s. **Beziehungen, Deutsch-tschechische, im Bereich der Sprache und Kultur.** Aufsätze und Studien. I und II.
Helbig, Herbert (Hrsg.): s. **Kötzschke,** Rudolf.
Hempel, Eberhard: *o. Mitglied 14. 2. 1949; geb. 30. 7. 1886, gest. 16. 9. 1967.*
— Nikolaus von Cues in seinen Beziehungen zur bildenden Kunst. — Ber. 100 (1953) H. 3, 42 S. m. einer Abb.
— Material- und Strukturechtheit in der Architektur. — Abh. 48 (1956) H. 3, 18 S. u. 6 Abb. auf 5 Taf. im Anhang.
— Unbekannte Skizzen von Wolf Caspar von Klengel. — Abh. 49 (1958) H. 4, 16 S. u. 40 Abb. auf 24 Taf. im Anhang.
— Goethe zur Aufgabe der Kunstgeschichte. — Ber. 109 (1964) H. 5, 21 S.
Hengst, Karlheinz: s. **Fischer,** Rudolf.
Hentschel, Walter: *o. Mitglied 11. 12. 1961; geb. 25. 3. 1899, gest. 22. 12. 1970.*
— Die Alte Börse in Leipzig und ihre Architektur. — Abh. 57 (1964) H. 4, 21 S. u. 27 Abb. auf 16 Taf. im Anhang.
— Die Zentralbauprojekte August des Starken. Ein Beitrag zur Rolle des Bauherrn im deutschen Barock. — Abh. 60 (1969) H. 1, 93 S. u. 113 Abb. auf 67 Taf. im Anhang.
Hessler, Wolfgang: Mitteldeutsche Gaue des frühen und hohen Mittelalters. — Abh. 49 (1957) H. 2, 162 S. u. eine Karte.
Hochsprache und Mundart in Gebieten mit fremdsprachigen Bevölkerungsteilen. Beiträge von Rudolf **Große** und Claus Jürgen **Hutterer.** — Ber. 105 (1961) H. 5, 71 S. m. 15 Ktn u. 6 Tab.
Hornung, Erik: Altägyptische Höllenvorstellungen. — Abh. 59 (1968) H. 3, 42 S. m. 6 Abb. u. 10 Abb. auf 7 Taf. im Anhang.
Hutterer, Claus Jürgen: Geschichte der ungarndeutschen Mundartforschung. — Ber. 106 (1960) H. 1, 96 S.
— Hochsprache und Mundart bei den Deutschen in Ungarn. In: **Hochsprache und Mundart** in Gebieten mit fremdsprachigen Bevölkerungsteilen. — Ber. 105 (1961) H. 5, S. 33—71.
Jacobi, Erwin: *o. Mitglied 1. 7. 1948, Sekretar 1948—1965; geb. 15. 1. 1884, gest. 5. 4. 1965.*
— Freie Wahlen und geheime Abstimmung in der bürgerlichen Demokratie. — Ber. 103 (1958) H. 1, 50 S.

Jahn, Johannes: *o. Mitglied 11. 12. 1961, Sekretar seit 1965.*

— Die Erschließung der Bildwerke des Naumburger Meisters. Ein Beitrag zur Geschichte der Kunstwissenschaft. — Ber. 109 (1964) H. 4, 23 S.

— Die Problematik der kunstgeschichtlichen Stilbegriffe. — Ber. 113 (1966) H. 4, 34 S.

Jahn, Martin: *o. Mitglied 1. 7. 1948, gegenwärtig auswärt. Mitglied.*

— Die Abgrenzung von Kulturgruppen und Völkern in der Vorgeschichte. — Ber. 99 (1952) H. 3, 27 S. m. 4 Abb. auf 3 Taf.

— Gab es in der vorgeschichtlichen Zeit bereits einen Handel? — Abh. 48 (1956) H. 4, 41 S. m. 10 Abb. u. 3 Abb. auf 2 Taf. im Anhang.

— Der älteste Bergbau in Europa. — Abh. 52 (1960) H. 2, 62 S. m. 17 Abb. u. 12 Abb. auf 4 Taf.

— (Hrsg.): s. **Bibliographie zur Vor- und Frühgeschichte Mitteldeutschlands.**

Jatzwauk, Jacob: Sorbische (wendische) Bibliographie. 2., erweiterte u. verbesserte Auflage. — Ber. 98 (1952) H. 3, XX, 500 S.

Jedig, Hugo: Laut- und Formenbestand der niederdeutschen Mundart des Altai-Gebietes. — Ber. 112 (1966) H. 5, 107 S.

Kaiser, Martin: Herodots Begegnung mit Ägypten. Beitrag zu: Siegfried **Morenz:** Die Begegnung Europas mit Ägypten. — Ber. 113 (1968) H. 5, S. 201—247.

Karg-Gasterstädt, Elisabeth: *o. Mitglied 14. 3. 1955; geb. 9. 2. 1886, gest. 24. 8. 1964.*

— Althochdeutsch *thing* — neuhochdeutsch Ding. Die Geschichte eines Wortes. — Ber. 104 (1958) H. 2, 31 S.

Klein, Karl Kurt: Zur Siedlungsgeschichte und Sprachgeographie der mittelalterlichen deutschen Siedlung in Siebenbürgen. In: **Siebenbürgische Mundarten.** — Ber. 104 (1959) H. 3, S. 5—77.

Klima, Hellmut: Eigenwortschatz der Landlermundart in Neppendorf. In: **Siebenbürgische Mundarten.** — Ber. 104 (1959) H. 3, S. 113—143.

Koch, Herbert: *o. Mitglied 1. 7. 1930, später auswärt. Mitglied; geb. 1. 7. 1880, gest. 25. 9. 1962.*

— Studien zum Theseustempel in Athen. — Abh. 47 (1955) H. 2, 212 S. m. 140 Abb. auf 52 Taf. u. 57 Lichtdrucktaf. im Anhang.

Kötzschke, Rudolf: *o. Mitglied 5. 6. 1935; geb. 8. 7. 1867, gest. 3. 8. 1949.*

— Salhof und Siedelhof im älteren deutschen Agrarwesen. Aus dem Nachlaß herausgegeben von Herbert **Helbig.** — Ber. 100 (1953) H. 5, 108 S.

Korff, Hermann August: *o. Mitglied 16. 2. 1929; geb. 3. 4. 1882, gest. 11. 7. 1963.*

— Geistesgeschichte der Goetheschen Lyrik. — Ber. 108 (1963) H. 2, 26 S.

— Schillers Zug zur Größe. — Jb. 1957—1959 (Berlin 1961) S. 399—417.

Krauss, Werner: *o. Mitglied 14. 2. 1949, gegenwärtig auswärt. Mitglied.*

— Altspanische Drucke im Besitz der außerspanischen Bibliotheken. — Ber. 97 (1951) H. 7, 112 S.

Kretzschmar, Hellmut: *o. Mitglied 17. 11. 1956; geb. 12. 7. 1893, gest. 2. 12. 1965.*

— Karl von Weber. — Ber. 104 (1958) H. 4, 19 S.

Kretzschmar, Hellmut: Die Zeit König Johanns von Sachsen 1854—1873. Mit Briefen und Dokumenten. — Ber. 105 (1960) H. 4, 162 S.

Ladendorf, Heinz: *o. Mitglied 14. 3. 1955, steltvertretender Sekretar 1957—1958; gegenwärtig auswärt. Mitglied.*

— Antikenstudium und Antikenkopie. Vorarbeiten zu einer Darstellung ihrer Bedeutung in der mittelalterlichen und neueren Zeit. — Abh. 46 (1953) 190 S. u. 183 Abb. auf 50 Taf. im Anhang.

Lehmann, Edgar: *o. Mitglied 7. 12. 1959, steltvertretender Sekretar 1961—1965.*

— Die räumliche Differenzierung der Industrie- und Bevölkerungsagglomeration im Halle-Leipziger Gebiet. — Ber. 113 (1967) H. 2, 24 S.

Leipoldt, Johannes: *o. Mitglied 15. 9. 1958, später auswärt. Mitglied; geb. 20. 12. 1880, gest. 22. 2. 1965.*

— Griechische Philosophie und frühchristliche Askese. — Ber. 106 (1961) H. 4, 67 S.

— Der römische Kaiser Julian in der Religionsgeschichte. — Ber. 110 (1964) H. 1, 75 S.

Lerchner, Gotthard: s. **Frings,** Theodor.

Lintzel, Martin: *o. Mitglied 1. 7. 1948; geb. 28. 2. 1901, gest. 15. 7. 1955.*

— Liebe und Tod bei Heinrich von Kleist. — Ber. 97 (1950) H. 8, 76 S.

— Die Entstehung des Kurfürstenkollegs. — Ber. 99 (1952) H. 2, 54 S.

— Miszellen zur Geschichte des zehnten Jahrhunderts. — Ber. 100 (1953) H. 2, 116 S.

— Heinrich I. und die fränkische Königssalbung. — Ber. 102 (1955) H. 3, 56 S.

Lips, Julius: *o. Mitglied 14. 2. 1949; geb. 8. 9. 1895, gest. 21. 1. 1950.*

— Die Erntevölker, eine wichtige Phase in der Entwicklung der menschlichen Wirtschaft. — Ber. 101 (1953) H. 1, 18 S.

Lotze, Detlef: Lysander und der Peloponnesische Krieg. — Abh. 57 (1964) 98 S.

Magirius, Heinrich: Die Baugeschichte des Klosters Altzella. — Abh. 53 (1962) H. 2, 231 S. m. 21 Fig. u. 155 Abb. u. 28 Plänen auf 84 Taf. im Anhang.

Materialien zum Slawischen Onomastischen Atlas. Eingeleitet und redigiert von Rudolf **Fischer.** Bearbeitet von Ernst **Eichler,** Horst **Naumann,** Hans **Walther.** Mit einer Bibliographie der Leipziger namenkundlichen Arbeitsgruppe (3. Folge). — Ber. 108 (1964) H. 6, 141 S. m. 8 Ktn.

Meyer, Rudolf: *o. Mitglied 15. 9. 1958.*

— Das Gebet der Nabonid. Eine in den Qumran-Handschriften wiederentdeckte Weisheitserzählung. — Ber. 107 (1962) H. 3, 112 S. m. einer Taf.

— Tradition und Neuschöpfung im antiken Judentum. Dargestellt an der Geschichte des Pharisäismus. Mit einem Beitrag von Hans-Friedrich **Weiß:** Der Pharisäismus im Lichte der Überlieferung des Neuen Testaments. — Ber. 110 (1965) H. 2, 132 S.

Morenz, Siegfried: *o. Mitglied 14. 3. 1955, stellvertretender Sekretar 1958—1961, Vizepräsident 1966—1969; geb. 22. 11. 1914, gest. 14. 1. 1970.*

— Die Heraufkunft des transzendenten Gottes in Ägypten. — Ber. 109 (1964) H. 2, 57 S. m. 2 Abb.

Morenz, Siegfried: Die Begegnung Europas mit Ägypten. Mit einem Beitrag von Martin **Kaiser:** Herodots Begegnung mit Ägypten. — Ber. 113 (1968) H. 5, 247 S. u. 38 Abb. auf 20 Taf. im Anhang.

— (unter Mitarbeit von Dieter **Müller**): Untersuchungen zur Rolle des Schicksals in der ägyptischen Religion. — Abh. 52 (1960) H. 1, 36 S.

Müller, Dieter: Ägypten und die griechischen Isis-Aretalogien. — Abh. 53 (1961) H. 1, 96 S.

— (Mitarb.): s. **Morenz,** Siegfried.

Müller, Gertraud und **Frings,** Theodor: Die Entstehung der deutschen daß-Sätze. — Ber. 103 (1959) H. 6, 55 S.

Müller, Joachim: *o. Mitglied 7. 12. 1959.*

— Yvan Goll im deutschen Expressionismus. — Ber. 107 (1962) H. 2, 71 S.

— Die Figur des Homunculus in Goethes „Faust". — Ber. 108 (1963) H. 4, 37 S.

— Prolog und Epilog zu Goethes Faustdichtung. — Ber. 110 (1964) H. 3, 28 S. m. 2 Abb.

— Goethes Fragmente einer Tragödie und seine Auffassung vom Tragischen. — Ber. 112 (1965) H. 1, 31 S. m. 3 Abb.

— Goethes Sonette — Lyrische Epoche und motivische Kontinuität. — Abh. 58 (1966) H. 3, 40 S.

— Literarische Analogien in Heinrich von Kleists Novelle „Der Zweikampf". Mit einem rechtsgeschichtlichen Diskussionsbeitrag von Gerhard **Buchda.** — Ber. 114 (1969) H. 4, 56 S.

— Idee und Gestalt des Schönen in der Deutschen Klassik. — Jb. 1963—1965 (Berlin 1967) S. 355—378.

— Diskussionsbeitrag: s. **Fischer,** Rudolf.

Mundarten, Siebenbürgische. Beiträge von Karl Kurt **Klein,** Helmut **Protze** und Hellmut **Klima.** — Ber. 104 (1959) H. 3, 143 S.

Naumann, Horst: s. **Fischer,** Rudolf.

— (Bearb.): s. **Materialien zum Slawischen Onomastischen Atlas.** Eingeleitet und redigiert von Rudolf **Fischer.**

Neuß, Erich: Entstehung und Entwicklung der Klasse der besitzlosen Lohnarbeiter in Halle. Eine Grundlegung. — Abh. 51 (1958) H. 1, 344 S.

Onomastica Slavogermanica. I. Hrsg. von Rudolf **Fischer,** Redaktion: Ernst **Eichler.** — Abh. 58 (1965) H. 1, 126 S. m. 3 Ktn u. 5 Abb.

Onomastica Slavogermanica. III. Hrsg. von Rudolf **Fischer,** Redaktion: Ernst **Eichler,** Hans **Walther** und Johannes **Schultheis.** — Abh. 58 (1967) H. 4, 248 S. m. 7 Ktn u. 8 Abb.

Onomastica Slavogermanica. V. Rudolf Fischer zum 60. Geburtstag gewidmet. Hrsg. von Rudolf **Große** und Ernst **Eichler.** — Abh. 62 (1970) H. 2, 156 S. m. 2 Ktn u. 13 Tab.

Peek, Werner: *o. Mitglied 7. 12. 1959.*

— Fünf Wundergeschichten aus dem Asklepieion von Epidauros. — Abh. 56 (1963) H. 3, 8 S. u. eine Taf. im Anhang.

Peck, Werner: Inschriften aus dem Asklepieion von Epidauros. — Abh. 60 (1969) H. 2, 156 S. m. 184 Faksimilia u. 100 Abb. auf 58 Taf.

— Inschriften von den Dorischen Inseln. — Abh. 62 (1969) H. 1, 65 S. m. 28 Faksimilia u. 11 Abb. auf 8 Taf. im Anhang.

Petschow, Herbert: *korresp. Mitglied 10. 12. 1962.*

— Neubabylonisches Pfandrecht. — Abh. 48 (1956) H. 1, 186 S.

Peukert, Herbert: *o. Mitglied 24. 5. 1965.*

— Ivan Gundulićs „Osman" in Deutschland. — Ber. 114 (1969) H. 2, 99 S.

Podczeck, Otto (Hrsg.): s. **Franckes,** August Hermann, Schrift über eine Reform des Erziehungs- und Bildungswesens als Ausgangspunkt einer geistlichen und sozialen Neuordnung der Evangelischen Kirche des 18. Jahrhunderts. — Der Große Aufsatz.

Preuss, Wolfgang: s. **Fischer,** Rudolf.

Protze, Helmut: Das Wort ‚Markt' in den mitteldeutschen Mundarten. Mit besonderer Berücksichtigung des Siebenbürgisch-Sächsischen und unter Einbeziehung des Indogermanischen. — Ber. 106 (1961) H. 2, 76 S. u. 3 Ktn im Anhang.

— Bairisch-österreichische und alemannische Mundart neben rheinisch-ostmitteldeutscher in Siebenbürgen. In: **Siebenbürgische Mundarten.** — Ber. 104 (1959) H. 3, S. 79—111.

Radiščev, A. N., und Deutschland. Beiträge zur russischen Literatur des ausgehenden 18. Jahrhunderts. — Ber. 114 (1969) H. 1, 132 S.

Rohloff, Ernst: Neidharts Sangweisen. I: Kommentarband. — Abh. 52 (1962) H. 3, 130 S. — II: Melodien und Lieder. — Abh. 52 (1962) H. 4, 414 S.

Rosenkranz, Heinz: Der Sprachwandel des Industrie-Zeitalters im Thüringer Sprachraum. In: **Sprachsoziologische Studien** in Thüringen. — Ber. 108 (1963) H. 3, S. 5—51.

Rudolph, Kurt: Die Religionsgeschichte an der Leipziger Universität und die Entwicklung der Religionswissenschaft. Ein Beitrag zur Wissenschaftsgeschichte und zum Problem der Religionswissenschaft. — Ber. 107 (1962) H. 1, 191 S.

Schneider, Ferdinand Josef: *o. Mitglied 12. 11. 1949; geb. 6. 12. 1879, gest. 4. 11. 1954.*

— Stilkritische Interpretationen als Wege zur Attributierung anonymer deutscher Prosatexte. (Eine Sammlung von Textinterpretationen.) — Ber. 101 (1954) H. 2, 108 S.

Schönfeld, Helmut: Slawische Wörter in den deutschen Mundarten östlich der unteren Saale. — Ber. 108 (1963) H. 1, 75 S. m. 5 Ktn.

Schröder, Werner: Grenzen und Möglichkeiten einer althochdeutschen Literaturgeschichte. — Ber. 105 (1959) H. 2, 59 S.

Schubart, Wilhelm: *o. Mitglied 29. 11. 1941; geb. 21. 10. 1873, gest. 9. 8. 1960.*

— Griechische literarische Papyri. — Ber. 97 (1950) H. 5, 108 S.

Schubart-Fikentscher, Gertrud: *o. Mitglied 7. 12. 1959, stellvertretender Sekretar seit 1965.*

— Zur Stellung der Komödianten im 17. und 18. Jahrhundert. — Ber. 107 (1963) H. 6, 124 S.

— Die Unehelichen-Frage in der Frühzeit der Aufklärung. — Ber. 112 (1967) H. 3, 216 S.

— Untersuchungen zur Autorschaft von Dissertationen im Zeitalter der Aufklärung. — Ber. 114 (1970) H. 5, 135 S.

Schultheis, Johannes: s. **Fischer,** Rudolf.

— (Redakt.): s. **Onomastica Slavogermanica.** III.

Schulz, Walther: s. **Bibliographie zur Vor- und Frühgeschichte Mitteldeutschlands,** hrsg. von Martin **Jahn.**

Spangenberg, Karl: Tendenzen volkssprachlicher Entwicklung in Thüringen. Studien zur Sprachschichtung. In: **Sprachsoziologische Studien** in Thüringen. — Ber. 108 (1963) H. 3, S. 53—85.

Studien, Sprachsoziologische, in Thüringen. Beiträge von Heinz **Rosenkranz** und Karl **Spangenberg.** — Ber. 108 (1963) H. 3, 85 S. m. 13 Ktn u. einer Tab.

Thieme, Paul: *o. Mitglied 12. 11. 1949, gegenwärtig auswärt. Mitglied.*

— Studien zur indogermanischen Wortkunde und Religionsgeschichte. — Ber. 98 (1952) H. 5, 77 S.

Trautmann, Reinhold: *o. Mitglied 20. 3. 1940; geb. 16. 1. 1883, gest. 4. 10. 1951.*

— Die slavischen Ortsnamen Mecklenburgs und Holsteins. 2., verbesserte Auflage. — Abh. 45 (1950) H. 3, 175 S. u. einem Nachwort.

Walther, Hans: s. **Fischer,** Rudolf.

— (Bearb.): s. **Materialien zum Slawischen Onomastischen Atlas.** Eingeleitet und redigiert von Rudolf **Fischer.**

— (Redakt.): s. **Onomastica Slavogermanica.** III.

Weiß, Hans-Friedrich: Der Pharisäismus im Lichte der Überlieferung des Neuen Testaments. Beitrag zu: Rudolf **Meyer:** Tradition und Neuschöpfung im antiken Judentum. Dargestellt an der Geschichte des Pharisäismus. — Ber. 110 (1965) H. 2, S. 89—132.

Weller, Friedrich: *o. Mitglied 19. 6. 1943.*

— Zum mongolischen Tanjur. — Ber. 97 (1949) H. 2, 35 S.

— Über den Quellenbezug eines mongolischen Tanjurtextes. — Abh. 45 (1950) H. 2, 46 S. m. Anhang: Tibetischer Text des Bodhicaryāvatāra, 114 S.

— Tibetisch-sanskritischer Index zum Bodhicaryāvatāra. H. I. — Abh. 46 (1952) H. 3, IV, 304 S.

— Zwei zentralasiatische Fragmente des Buddhacarita. — Abh. 46 (1953) H. 4, 26 S. u. 2 Taf. im Anhang.

— Tibetisch-sanskritischer Index zum Bodhicaryāvatāra. — Abh. 47 (1955) H. 3, S. 305—611.

— Die Legende von Śunaḥśepa im Aitareyabrāhmaṇa und Śāṅkhāyanaśrautasūtra. — Ber. 102 (1956) H. 2, 91 S.

Weller, Friedrich: Zum Kāśyapaparivarta. Heft 1: Mongolischer Text. — Abh. 54 (1962) H. 2, 122 S.
— Zum Kāśyapaparivarta. Heft 2: Verdeutschung des sanskrit-tibetischen Textes. — Abh. 57 (1965) H. 3, 163 S.
Winnefeld, Friedrich: *o. Mitglied 18. 1. 1965; geb. 14. 12. 1911, gest. 14. 12. 1968.*
— Ergebnisse unterrichtspsychologischer Untersuchungen. — Abh. 63 (1970) H. 1, 18 S. m. 2 Tab. u. 5 Abb.
Wörterbuch, Rückläufiges, der griechischen Eigennamen. Im Auftrag der Sächsischen Akademie der Wissenschaften unter Leitung ihres ordentlichen Mitgliedes Franz **Dornseiff** ausgearbeitet von Bernhard **Hansen.** — Ber. 102 (1957) H. 4, 320 S.
Zucker, Friedrich: *o. Mitglied 1. 7. 1948, gegenwärtig auswärt. Mitglied.*
— Freundschaftsbewährung in der neuen attischen Komödie. Ein Kapitel hellenistischer Ethik und Humanität. — Ber. 98 (1950) H. 1, 38 S.
— Isokrates' Panathenaikos. — Ber. 101 (1954) H. 7, 31 S.
— Ägypten im römischen Reich. — Ber. 104 (1958) H. 7, 23 S.
— ΑΥΘΕΝΤΗΣ und Ableitungen. — Ber. 107 (1962) H. 4, 26 S.

SACHREGISTER

MATHEMATISCH-NATURWISSENSCHAFTLICHE KLASSE

Astronomie (S. 37) — Biologie mit spezieller Botanik und Zoologie (S. 37) — Anorganische und physikalische Chemie (S. 38) — Organische Chemie (S. 39) — Physiologie, physiologische Chemie, Biochemie (S. 39) — Geographie (S. 40) — Geologie, Mineralogie, Bergbau- und Hüttenwesen (S. 41) — Landwirtschaftswissenschaften (S. 42) — Mathematik mit Analysis, Algebra, Geometrie, Zahlentheorie, Spieltheorie und angewandte Mathematik (S. 43) — Medizin (S. 46) — Physik, Geophysik (S. 46) — Technik, Technologie (S. 47) — Wissenschaftsgeschichte (S. 48)

Astronomie

Sternsphäre Arat (s). Die Entstehung der ~. *Böker.*

Biologie mit spezieller Botanik und Zoologie

Anpassung, Vererbung und Evolution. *Hertwig.*
Aufstieg zum Menschen. *Peiper.*
Bereich, zellulär(en). Strahlenschäden und Strahlenschutz im ~. *Hertwig.*
Biomorphose, chemische. Die ~ des menschlichen Gehirns. *Bürger.*
Biomorphose, chemische. Die ~ des menschlichen Gehirns in ihren Beziehungen zu den Proteolipoiden (PLP). *Bürger.*
Darwin. Von Lavater zu ~. *Brednow.*
Evolution. Anpassung, Vererbung und ~. *Hertwig.*
Froschhaut. Der Wechselstromwiderstand der ~. *Gerstner. Baark. Graul.*
Hormone als Regulatoren von Lebensvorgängen. *Gersch.*
Insekten. Neuroendikronologie der ~. *Gersch.*
Kaulquappen. Über die morphologischen und histogenetischen Thymusprobleme bei *Xenopus Laevis* DAUDIN nebst einigen Bemerkungen über die Morphologie der ~. *Sterba.*
Kohlenhydratstoffwechsel(s) des Tierkörpers. Die Dauerinfusion als Verfahren zur Erforschung des ~. *Strack.*
Kulturmaßnahmen, acker- und pflanzenbauliche(r). Die Transpirationsintensität der Pflanzen als Grundlage bei der Ermittlung ~. Ein neuer Weg zur Steigerung der Erträge der Kulturpflanzen. *Arland.*
Kulturpflanzen. Die Transpirationsintensität der Pflanzen als Grundlage bei der Ermittlung optimaler acker- und pflanzenbaulicher Kulturmaßnahmen. Ein neuer Weg zur Steigerung der Erträge der ~. *Arland.*

Mittel(n), waldbauliche(n). Erfahrungen zur Abwehr von chronischen Rauchschäden mit ~ im westsächsischen Hügelland. *Lampadius. Bochmann.*
Mutationsforschung. Über einige theoretische und praktische Fragen der ~. *Stubbe.*
Neuroendokrinologie der Insekten. *Gersch.*
Physiotopen. Landschaftsökologische Untersuchungen an verschiedenen ~ in Nordwestsachsen. *Neef. Schmidt. Lauckner.*
Phytoalexin-Theorie. Die ~ von K. O. Müller. *Klinkowski.*
Rauchschäden, chronische(n). Erfahrungen zur Abwehr von ~ mit waldbaulichen Mitteln im westsächsischen Hügelland. *Lampadius. Bochmann.*
Rauchschadenabwehr, waldbauliche(r). Der Burkhardtswald bei Aue als klassisches Beispiel ~. *Lampadius.*
Stern- und Steinobst(es). Analyse der Virosen des ~. *Klinkowski.*
Tier und Mensch in Goethes naturwissenschaftlicher Sicht. *Brednow.*
Transpirationsintensität der Pflanzen. Die ~ als Grundlage bei der Ermittlung optimaler acker- und pflanzenbaulicher Kulturmaßnahmen. Ein neuer Weg zur Steigerung der Erträge der Kulturpflanzen. *Arland.*
Thymusprobleme, morphologische(n) und histogenetische(n). Über die ~ bei *Xenopus Laevis* DAUDIN nebst einigen Bemerkungen über die Morphologie der Kaulquappen. *Sterba.*
Untersuchungen, landschaftsökologische, an verschiedenen Physiotopen in Nordwestsachsen. *Neef. Schmidt. Lauckner.*
Vegetationsaufbau und Standortsverhältnisse der kontinental beeinflußten Xerothermrasengesellschaften Mitteldeutschlands. *Mahn.*
Vererbung. Anpassung, ~ und Evolution. *Hertwig.*
Virosen. Analyse der ~ des Stern- und Steinobstes. *Klinkowski.*
Wertigkeit, klinisch-biologische. Die ~ der Hirngeschwülste. *Merrem.*
Xenopus Laevis DAUDIN. Über die morphologischen und histogenetischen Thymusprobleme bei ~ nebst einigen Bemerkungen über die Morphologie der Kaulquappen. *Sterba.*
Xerothermrasengesellschaften. Vegetationsaufbau und Standortverhältnisse der kontinental beeinflußten ~ Mitteldeutschlands. *Mahn.*

Anorganische und physikalische Chemie

Aktivierung als Kernproblem der Katalyse. *Langenbeck.*
Auflösung des Zinks, anodische(n). Periodische Erscheinungen bei der ~. *Schwabe.*
Aziditätsmasse. Über ~. *Schwabe.*
Bild(es), latent(en). Versuche zur Natur des ~ und ihre Deutung. *Staude.*
Biochemie. Zur ~ der Spurenmetalle. *Langenbeck.*
Brennstoffelemente. Elektroenergie und ~. *Schwabe.*
Brennstoffelemente. Internationales Symposium. *Schwabe. Winkler.*
Elektroenergie und Brennstoffelemente. *Schwabe.*

Elektrolytlösungen, konzentrierte. Thermodynamische und künstliche Eigenschaften. *Schwabe.*
Gasentschwefelung. Gitteraufbau und Katalyse bei der ~. *Simon.*
Gitteraufbau intermetallischer Verbindungen. Geometrische Prinzipien beim ~. Ein Beitrag zum 50jährigen Jubiläum der LAUE'schen Entdeckung der Kristallgitter-Interferenzen. *Schulze.*
Gitteraufbau und Katalyse bei der Gasentschwefelung. *Simon.*
Katalyse. Aktivierung als Kernproblem der ~. *Langenbeck.*
Katalyse. Gitteraufbau und ~ bei der Gasentschwefelung. *Simon.*
Kinetik, chemische, und Polarographie. *Schwabe.*
Kristallgitter-Interferenzen. Geometrische Prinzipien beim Gitteraufbau intermetallischer Verbindungen. Ein Beitrag zum 50jährigen Jubiläum der LAUE'schen Entdeckung der ~. *Schulze.*
Magnesium im Landbau. *Arland.*
Magnesiumsulfat. Über die Möglichkeit einer Lieferung von ~ als Düngemittel seitens des Kalibergbaus der Deutschen Demokratischen Republik. *Spackeler.*
Polarographie. Chemische Kinetik und ~. *Schwabe.*
Spurenmetalle. Zur Biochemie der ~. *Langenbeck.*
Stickstoff(s), elementare(n). Über das Ausmaß der biologischen Bindung des ~. Der Einfluß assimilierbarer Stickstoffverbindungen. *Schmalfuß.*
Stickstoffverbindungen, assimilierbare(r). Über das Ausmaß der biologischen Bindung des elementaren Stickstoffs. Der Einfluß ~. *Schmalfuß.*
Träger, ferromagnetische(n). Über Untersuchungen am ~ des Magnettonbandes. *Simon.*
Wasserhaushaltsgleichung. Geographische Maßstabsbetrachtungen zur ~. *Neef.*

Organische Chemie

Chemie, organische(n). Entwicklungslinien der ~. *Treibs.*
Disulfimide, organische, in Wissenschaft und Technik. *Runge.*
Enzymwirkungen. Über den Mechanismus von ~. *Langenbeck.*
Gerbstoffe, pflanzliche(r) und synthetische(r). Zur Charakteristik ~ und deren kombinierte Verwendung bei der Gerbung. *Stather.*
Grignard und die nach ihm benannte Synthese. *Runge.*
Polymerisation. Über die ~ ungesättigter organischer Verbindungen. *Runge.*
Verbindungen, ungesättigte(r) organische(r). Über die Polymerisation ~. *Runge.*

Physiologie, physiologische Chemie, Biochemie

Biochemie. Zur ~ der Spurenmetalle. *Langenbeck.*
Biomorphose, chemische. Die ~ des menschlichen Gehirns. *Bürger.*
Biomorphose, chemische. Die ~ des menschlichen Gehirns in ihren Beziehungen zu den Proteolipoiden (PLP). *Bürger.*

Dauerinfusion. Die ~ als Verfahren zur Erforschung des Kohlenhydratstoffwechsels des Tierkörpers. *Strack.*

Enzymwirkungen. Über den Mechanismus von ~. *Langenbeck.*

Froschhaut. Der Wechselstromwiderstand der ~. *Gerstner. Baark. Graul.*

Hormone als Regulatoren von Lebensvorgängen. *Gersch.*

Kohlenhydratstoffwechsel(s). Die Dauerinfusion als Verfahren zur Erforschung des ~ des Tierkörpers. *Strack.*

Kot-Stickstoff(s). Beobachtungen über den endogenen Anteil des ~. *Strack.*

Neuroendokrinologie der Insekten. *Gersch.*

Proteasen, intrazelluläre. Über Proteolyse durch ~. *Hanson.*

Proteolipoide(n). Die chemische Biomorphose des menschlichen Gehirns in ihren Beziehungen zu den ~. *Bürger.*

Proteolyse. Über ~ durch intrazelluläre Proteasen. *Hanson.*

Stickstoff(s), elementare(n). Über das Ausmaß der biologischen Bindung des ~. Der Einfluß assimilierbarer Stickstoffverbindungen. *Schmalfuß.*

Stickstoffverbindungen, assimilierbare(r). Über das Ausmaß der biologischen Bindung des elementaren Stickstoffs. Der Einfluß ~. *Schmalfuß.*

Geographie

Bibliographie zur geographischen Landesforschung im sächsisch-thüringischen Raum. *Neef. Benedict.*

Burkhardtswald bei Aue. Der ~ als klassisches Beispiel waldbaulicher Rauchschwadenabwehr. *Lampadius.*

Differenzierung, räumliche. Die ~ der Industrie- und Bevölkerungsagglomeration im Halle-Leipziger Gebiet. *Lehmann.*

Halle-Leipziger Gebiet. Die räumliche Differenzierung der Industrie- und Bevölkerungsagglomeration im ~. *Lehmann.*

Hügelland, westsächsische(n). Erfahrungen zur Abwehr von chronischen Rauchschäden mit waldbaulichen Mitteln im ~. *Lampadius. Bochmann.*

Industrie- und Bevölkerungsagglomeration. Die räumliche Differenzierung der ~ im Halle-Leipziger Gebiet. *Lehmann.*

Landesforschung, geographische(n). Bibliographie zur ~ im sächsisch-thüringischen Raum. *Neef. Benedict.*

Maßstabsbetrachtungen, geographische, zur Wasserhaushaltsgleichung. *Neef.*

Mittel(n), waldbauliche(n). Erfahrungen zur Abwehr von chronischen Rauchschäden mit ~ im westsächsischen Hügelland. *Lampadius. Bochmann.*

Nordwestsachsen. Landschaftsökologische Untersuchungen an verschiedenen Physiotopen in ~. *Neef. Schmidt. Lauckner.*

Physiotopen. Landschaftsökologische Untersuchungen an verschiedenen ~ in Nordwestsachsen. *Neef. Schmidt. Lauckner.*

Rauchschäden, chronische(n). Erfahrungen zur Abwehr von ~ mit waldbaulichen Mitteln im westsächsischen Hügelland. *Lampadius. Bochmann.*

Rauchschadenabwehr, waldbauliche(r). Der Burkhardtswald bei Aue als klassisches Beispiel ~. *Lampadius.*

Raum, sächsisch-thüringisch(en). Bibliographie zur geographischen Landesforschung im ~. *Neef. Benedict.*

Umwelt, geographische(n). Über die Veränderlichkeit unserer ~. *Neef.*

Untersuchungen, landschaftsökologische, an verschiedenen Physiotopen in Nordwestsachsen. *Neef. Schmidt. Lauckner.*

Vegetationsaufbau und Standortverhältnisse der kontinental beeinflußten Xerothermrasengesellschaften Mitteldeutschlands. *Mahn.*

Wasserhaushaltsgleichung. Geographische Maßstabsbetrachtungen zur ~. *Neef.*

Xerothermrasengesellschaften. Vegetationsaufbau und Standortsverhältnisse der kontinental beeinflußten ~ Mitteldeutschlands. *Mahn.*

Geologie, Mineralogie, Bergbau und Hüttenwesen

Bergmann. Der Gebirgsdruck und seine Beherrschung durch den ~. *Spackeler.*

Boudinagen und Mikroboudinagen im metagabbrischen Plagioklas-Amphibolit von Roßwein (Sächs. Granulitgebirge). *Scheumann.*

Braunkohlen. Charakteristische Eigenschaften der ~. *Lissner.*

Braunkohlenbrikettentstehung. Über die Theorien der ~ unter besonderer Würdigung der Verdienste des Akademie-Mitgliedes Karl Kegel. *Rammler.*

Cordierit(s). Die Stellung des ~ in metatektischen Granulitderivaten des sächsischen Granulitgebirges. *Scheumann. Bock.*

Effekte, geoelektromagnetische(n). Zur Theorie der geoelektrischen Erkundungsmethodik und Systematik der ~. *Buchheim.*

Erkundungsmethodik, geoelektrische (n). Zur Theorie der ~ und Systematik der geoelektromagnetischen Effekte. *Buchheim.*

Gebirgsdruck. Der ~ und seine Beherrschung durch den Bergmann. *Spackeler.*

Geoisothermen-Verschiebung. Zur Theorie der ~ in der Umgebung von heißen Intrusivkörpern. *Nitzsche.*

Granulit(s), sächsisch(en). Konvergenzerscheinungen am Rande des ~. *Scheumann. Behr.*

Granulitderivate(n), metatektische(n). Die Stellung des Cordierits in ~ des sächsischen Granulitgebirges. *Scheumann. Bock.*

Granulitgebirge(s), sächsische(n). Die Stellung des Cordierits in metatektischen Granulitderivaten des ~. *Scheumann. Bock.*

Intrusivkörper(n), heiße(n). Zur Theorie der Geoisothermen-Verschiebung in der Umgebung von ~. *Nitzsche.*

Kalibergbau(s). Über die Möglichkeit einer Lieferung von Magnesiumsulfat als Düngemittel seitens des ~ der Deutschen Demokratischen Republik. *Spackeler.*

Kegel, Karl. Über die Theorien der Braunkohlenbrikettentstehung unter besonderer Würdigung der Verdienste des Akademie-Mitgliedes ~. *Rammler.*

Konvergenzerscheinungen am Rande des sächsischen Granulits. *Scheumann. Behr.*

Kornerupingestein. Das ~ von Waldheim in seinem genetischen Zusammenhang. *Scheumann.*

Magnesiumsulfat. Über die Möglichkeit einer Lieferung von ~ als Düngemittel seitens des Kalibergbaus der Deutschen Demokratischen Republik. *Spackeler.*

Mikroboudinagen. Boudinagen und ~ im metagabbrischen Plagioklas-Amphibolit von Roßwein (Sächs. Granulitgebirge). *Scheumann.*

Mirowo. Der Salzstock ~ bei Provadia in Bulgarien. *Kegel.*

Plagioklas-Amphibolit, metagabbrische(n). Boudinagen und Mikroboudinagen im ~ von Roßwein (Sächs. Granulitgebirge). *Scheumann.*

Regelungstechnik. Die Anwendung der ~ in der Hüttenindustrie. *Diepschlag.*

Roßwein (Sächs. Granulitgebirge). Boudinagen und Mikroboudinagen im metagabbrischen Plagioklas-Amphibolit von ~. *Scheumann.*

Salzstock. Der ~ Mirowo bei Provadia in Bulgarien. *Kegel.*

Waldheim. Das Kornerupingestein von ~ in seinem genetischen Zusammenhang. *Scheumann.*

Landwirtschaftswissenschaften

Bodenbildung. Zur Kenntnis der ~. *Schmalfuß.*

Bodenfruchtbarkeit. Einige systematische Untersuchungen zum Problem der ~. *Schmalfuß.*

Kulturmaßnahmen, acker- und pflanzenbauliche(r). Die Transpirationsintensität der Pflanzen als Grundlage bei der Ermittlung ~. Ein neuer Weg zur Steigerung der Erträge der Kulturpflanzen. *Arland.*

Kulturpflanzen. Die Transpirationsintensität der Pflanzen als Grundlage bei der Ermittlung optimaler acker- und pflanzenbaulicher Kulturmaßnahmen. Ein neuer Weg zur Steigerung der Erträge der ~. *Arland.*

Landbau. Magnesium im ~. *Arland.*

Landbau(es), modern(en). „Tyrannei der Erde". Ein Problem des ~. *Arland.*

Magnesium im Landbau. *Arland.*

Magnesiumsulfat als Düngemittel. Über die Möglichkeit einer Lieferung von ~ seitens des Kalibergbaus der Deutschen Demokratischen Republik. *Spackeler.*

Mutationsforschung. Über einige theoretische und praktische Fragen der ~. *Stubbe.*

Stickstoff(s), elementar(en). Über das Ausmaß der biologischen Bindung des ~. Der Einfluß assimilierbarer Stickstoffverbindungen. *Schmalfuß.*

Stickstoffverbindungen, assimilierbare(r). Über das Ausmaß der biologischen Bindung des elementaren Stickstoffs. Der Einfluß ~. *Schmalfuß.*

Transpirationsintensität der Pflanzen. Die ~ als Grundlage bei der Ermittlung optimaler acker- und pflanzenbaulicher Kulturmaßnahmen. Ein neuer Weg zur Steigerung der Erträge der Kulturpflanzen. *Arland.*

Mathematik
mit Analysis, Algebra, Geometrie, Zahlentheorie, Spieltheorie und angewandte Mathematik

Analysis:

Abel(s). Über ∼ Verallgemeinerung der binomischen Formel. *Salié.*

Anfangswertproblem(s). Existenz- und Eindeutigkeitsbeweise für das Differenzenverfahren zur Lösung des ∼, des gemischten Anfangs-Randwert- und des charakteristischen Problems einer hyperbolischen Differentialgleichung zweiter Ordnung mit zwei unabhängigen Variablen. *Beckert.*

Anfangswertproblem. Über quasilineare hyperbolische Systeme partieller Differentialgleichungen erster Ordnung mit zwei unabhängigen Variablen. Das ∼, die gemischte Anfangs-Randwertaufgabe, das charakteristische Problem. *Beckert.*

Differentialgleichungen, lineare(n) partielle(n). Über einige spezielle Probleme aus der Theorie der ∼ zweiter Ordnung. *Günther.*

Differentialgleichungen, partielle(n). Zur Gültigkeit des Huygens'schen Prinzips bei ∼ vom normalen hyperbolischen Typus. *Günther.*

Differentialgleichungen erster Ordnung, partielle(r). Über quasilineare hyperbolische Systeme ∼ mit zwei unabhängigen Variablen. Das Anfangswertproblem, die gemischte Anfangs-Randwertaufgabe, das charakteristische Problem. *Beckert.*

Differentialgleichung zweiter Ordnung, hyperbolische(n). Existenz- und Eindeutigkeitsbeweise für das Differenzenverfahren zur Lösung des Anfangswertproblems, des gemischten Anfangs-Randwert- und des charakteristischen Problems einer ∼. *Beckert.*

Differenzenverfahren. Existenz- und Eindeutigkeitsbeweise für das ∼ zur Lösung des Anfangswertproblems, des gemischten Anfangs-Randwert- und des charakteristischen Problems einer hyperbolischen Differentialgleichung zweiter Ordnung mit zwei unabhängigen Variablen. *Beckert.*

Entwicklungen, asymptotische, mittels der Methode der stationären Phase. *Focke.*

Extremale(n), geknickte(n). Beiträge zur Theorie mehrdimensionaler Variationsprobleme mit ∼. *Klötzler.*

Felder, geodätische(r), im Großen. Die Konstruktion ∼ in der Variationsrechnung mehrfacher Integrale. *Klötzler.*

Formel, binomische(n). Über Abels Verallgemeinerung der ∼. *Salié.*

Funktionen, pseudoholomorphe(r). Das Reziprozitätstheorem für eine Klasse ∼ mehrerer komplexer Variabler. *Tutschke.*

Huygens'sche(n) Prinzip(s). Zur Gültigkeit des ∼ bei partiellen Differentialgleichungen vom normalen hyperbolischen Typus. *Günther.*

Integrale, mehrfache(r). Die Konstruktion geodätischer Felder im Großen in der Variationsrechnung ∼. *Klötzler.*

Integralgleichung, nichtlineare(n). Positive Lösungen einer ∼. *Pirl.*

Integralgleichungen, nichtlineare(r). Neue Existenzsätze in der Theorie ~. *Schäfer.*

Integrodifferentialgleichung, lineare. Über eine ~ mit Zusatzkern. *Schubert.*

Liaisons non holonomes. Une extension des ~ et des principes variationels. *Vâlcovici.*

Mechanik der Kontinua. Über die Variationsprinzipe der ~. *Hölder.*

Phase, stationäre(n). Asymptotische Entwicklungen mittels der Methode der ~. *Focke.*

Potentialströmungen, begrenzte. Existenzsatz für ~ mit Totwasser um ein vorgeschriebenes Hindernis. *Hilbig.*

Potentialströmungen, schallnahe. Stetige ~ um eine Familie symmetrischer Profile mit abgerundeter Nase und ihre Grenzlinieneigenschaften. *Schinke.*

Principes variationels. Une extension des liaisons non holonomes et des ~. *Vâlcovici.*

Profile, symmetrische(r). Stetige schallnahe Potentialströmungen um eine Familie ~ mit abgerundeter Nase und ihre Grenzlinieneigenschaften. *Schinke.*

Reziprozitätstheorem. Das ~ für eine Klasse pseudoholomorpher Funktionen mehrerer komplexer Variabler. *Tutschke.*

Variable(r), komplexe(r). Das Reziprozitätstheorem für eine Klasse pseudoholomorpher Funktionen mehrerer ~. *Tutschke.*

Variationsprinzipe. Über die ~ der Mechanik der Kontinua. *Hölder.*

Variationsprobleme, mehrdimensionale(r). Beiträge zur Theorie ~ mit geknickten Extremalen. *Klötzler.*

Variationsrechnung. Die Konstruktion geodätischer Felder im Großen in der ~ mehrfacher Integrale. *Klötzler.*

Algebra:

Bezoutsche(n) Satz(es). Verallgemeinerungen des ~. *Renschuch.*

Galois'sche(n) Gruppe. Zur Berechnung des Galois'schen Körpers und der ~ einer Gleichung in erträglich vielen Schritten. *Keller.*

Galois'sche(n) Körper(s). Zur Berechnung des ~ und der Galois'schen Gruppe einer Gleichung in erträglich vielen Schritten. *Keller.*

Gruppen, endliche(r). Über Einbettung ~. *Wussing.*

System(s), inverse(n). Zur Syzygientheorie und Theorie des ~ perfekter Ideale und Vektormoduln in Polynomringen und Stellenringen. *Eisenreich.*

Syzygientheorie. Zur ~ und Theorie des inversen Systems perfekter Ideale und Vektormoduln in Polynomringen und Stellenringen. *Eisenreich.*

Vektormoduln. Zur Syzygientheorie und Theorie des inversen Systems perfekter Ideale und ~ in Polynomringen und Stellenringen. *Eisenreich.*

Geometrie:

Axonometrie. Die Schaubarkeit in der ~. *Müller.*

Flächen 3. Ordnung. Die Homologiegruppen der ~. *Keller.*

Flächenstücke, hyperbolisch gekrümmte(r). Bemerkungen über die Verbiegung ~. *Beckert.*
Homologiegruppen. Die ~ der Flächen 3. Ordnung. *Keller.*
Lefschetz, S. Über eine Definition von ~ in der topologischen Schnitttheorie. *Keller.*
Schnitttheorie, topologische(n). Über eine Definition von S. Lefschetz in der ~. *Keller.*
Volumina, nichteuklidische. *Maier.*

Zahlentheorie:

Formen, quadratische(n). Über Stammfaktoren bei ternären ~. *Brandt.*
Formen, quadratische(r). Tabellen reduzierter positiver ternärer und ~. *Brandt. Intrau.*
Formen, quaternäre(r) quadratische(r). Kompositionstafeln ~. *Intrau.*
Gitterpunktprobleme, lineare. Über magische Quadrate und ~. *Schnee.*
Klassen, elementfremde. Zur Verteilung natürlicher Zahlen auf ~. *Salié.*
Quadrate, magische. Über ~ und lineare Gitterpunktprobleme. *Schnee.*
Quadrate, pandiagonale(n). Die ~ vierter Ordnung. *Reissig.*
Reziprozitätsgesetz, quadratisch(e). Über das ~. *Brandt.*
Stammfaktoren. Über ~ bei ternären quadratischen Formen. *Brandt.*
Zahlen, natürliche(r). Zur Verteilung ~ auf elementfremde Klassen. *Salié.*
Zahlentheorie, analytische(n). Aus der ~. *Maier.*

Spieltheorie:

Auszahlungsfunktionen, unstetige(n). Zur Berechnung optimaler Strategien für Spiele über dem Einheitsquadrat mit an der Hauptdiagonalen ~. *von Wolfersdorf.*
Einheitsquadrat. Zur Berechnung optimaler Strategien für Spiele über dem ~ mit an der Hauptdiagonalen unstetigen Auszahlungsfunktionen. *von Wolfersdorf.*

Angewandte Mathematik:

Approximation, quadratische(r). Zur Ermittlung von Unterschallströmungen mit der Transformationsmethode bei ~ der Adiabate. *Schubert. Schinke.*
Hodographenmethode. Die Berechnung einer zirkulationslosen Unterschallströmung um den Kreiszylinder mit der ~. *Schubert. Schinke.*
Hodographenmethode. Zum Konturproblem der ~ im Unterschall. *Schubert. Schinke.*
Konturproblem. Zum ~ der Hodographenmethode im Unterschall. *Schubert. Schinke.*
Kreiszylinder. Die Berechnung einer zirkulationslosen Unterschallströmung um den ~ mit der Hodographenmethode. *Schubert. Schinke.*
Transformationsmethode. Zur Ermittlung von Unterschallströmungen mit der ~ bei quadratischer Approximation der Adiabate. *Schubert. Schinke.*

Medizin

Altern(s). Realität und Theorien des ~. *Emmrich.*
Aufstieg zum Menschen. *Peiper.*
Blutgefäße(n). Über experimentelle Untersuchungen und klinische Erfahrungen beim alloplastischen Ersatz von ~. *Schwarz.*
Ersatz, alloplastische(n). Über experimentelle Untersuchungen und klinische Erfahrungen beim ~ von Blutgefäßen. *Schwarz.*
Frauenheilkunde in Forschung und Praxis. *Schröder.*
Gehirn(s), menschliche(n). Die chemische Biomorphose des ~. *Bürger.*
Gehirn(s), menschliche(n). Die chemische Biomorphose des ~ in ihren Beziehungen zu den Proteolipoiden (PLP). *Bürger.*
Goethe(s). Tier und Mensch in ~ naturwissenschaftlicher Sicht. *Brednow.*
Haltungs- und Stellreflexe. Das rote Kernsystem und die ~ beim Menschen. *Pfeifer.*
Herzchirurgie. Über die Entwicklung der ~ und ihre heutige Bedeutung. *Schwarz.*
Hirngeschwülste. Die klinisch-biologische Wertigkeit der ~. *Merrem.*
Hormone als Regulatoren von Lebensvorgängen. *Gersch.*
Hufeland. Christoph Wilhelm ~, Arzt und Erzieher im Lichte der Aufklärung. *Brednow.*
Kernsystem, rote. Das ~ und die Haltungs- und Stellreflexe beim Menschen. *Pfeifer.*
Kindernöte in alten Zeiten. *Peiper.*
Lavater. Von ~ zu Darwin. *Brednow.*
Leberzirrhose. Zur Problematik der ~. *Emmrich.*
Mesenchym(s). Die Bedeutung der Entwicklungsgeschichte, besonders des ~ für die Klinik. *Fromme.*
Morphologie. Die Bedeutung der ~ in der Heilkunde. *Eßbach.*
Säugling(s). Die Schwerkraftreflexe des ~. *Peiper.*
Schwerkraftreflexe. Die ~ des Säuglings. *Peiper.*
Skoliosenbehandlung, operative(n). Probleme der ~. *Matzen.*
Stellreflexe. Das rote Kernsystem und die Haltungs- und ~ beim Menschen. *Pfeifer.*
Tod. Über den ~. Eine naturwissenschaftliche Betrachtung. *Bredt.*

Physik, Geophysik

Adiabate. Zur Ermittlung von Unterschallströmungen mit der Transformationsmethode bei quadratischer Approximation der ~. *Schubert. Schinke.*
Atmosphäre. Die Erforschung der ~, ihre Methodik und ihre Probleme. *Robitzsch.*
Brennstoffelemente. Elektroenergie und ~. *Schwabe.*
Brennstoffelemente. Internationales Symposium. *Schwabe. Winkler.*
Coulomb-Potential. Bestimmung der allgemeinen Lösung der Schrödinger-Gleichung für ~. *Krupp.*

Effekte, geoelektromagnetische(n). Zur Theorie der geoelektrischen Erkundungsmethodik und Systematik der ~. *Buchheim.*
Elektroenergie und Brennstoffelemente. *Schwabe.*
Erkundungsmethodik, geoelektrische(n). Zur Theorie der ~ und Systematik der geoelektromagnetischen Effekte. *Buchheim.*
Geoisothermen-Verschiebung. Zur Theorie der ~ in der Umgebung von heißen Intrusivkörpern. *Nitzsche.*
Gitteraufbau intermetallischer Verbindungen. Geometrische Prinzipien beim ~. Ein Beitrag zum 50jährigen Jubiläum der LAUE'schen Entdeckung der Kristallgitter-Interferenzen. *Schulze.*
Intrusivkörper(n), heiße(n). Zur Theorie der Geoisothermen-Verschiebung von ~. *Nitzsche.*
Kristallgitter-Interferenzen. Geometrische Prinzipien beim Gitteraufbau intermetallischer Verbindungen. Ein Beitrag zum 50jährigen Jubiläum der LAUE'schen Entdeckung der ~. *Schulze.*
LAUE. Geometrische Prinzipien beim Gitteraufbau intermetallischer Verbindungen. Ein Beitrag zum 50jährigen Jubiläum der ~'schen Entdeckung der Kristallgitter-Interferenzen. *Schulze.*
Magnettonband(es). Über Untersuchungen am ferromagnetischen Träger des ~. *Simon.*
Photovervielfacher(n). „Elektronische Spektralmessung" mit steuerbaren ~. *Görlich. Güldner. Pohl.*
Physik. An der Grenze zwischen Hochspannungstechnik und ~. *Obenaus.*
Prinzipien, geometrische, beim Gitteraufbau intermetallischer Verbindungen. Ein Beitrag zum 50jährigen Jubiläum der LAUE'schen Entdeckung der Kristallgitter-Interferenzen. *Schulze.*
Schrödinger-Gleichung. Bestimmung der allgemeinen Lösung der ~ für Coulomb-Potential. *Krupp.*
Spektralmessung, elektronische, mit steuerbaren Photovervielfachern. *Görlich. Güldner. Pohl.*
Strahlenschäden und Strahlenschutz im zellulären Bereich. *Hertwig.*
Strahlenschutz. Strahlenschäden und ~ im zellulären Bereich. *Hertwig.*
Unterschall. Zum Konturproblem der Hodographenmethode im ~. *Schubert. Schinke.*
Unterschallströmung, zirkulationslose(n). Die Berechnung einer ~ um den Kreiszylinder mit der Hodographenmethode. *Schubert. Schinke.*
Unterschallströmungen. Zur Ermittlung von ~ mit der Transformationsmethode bei quadratischer Approximation der Adiabate. *Schubert. Schinke.*
Wechselstromwiderstand. Der ~ der Froschhaut. *Gerstner. Baark. Graul.*

Technik, Technologie

Disulfimide, organische, in Wissenschaft und Technik. *Runge.*
Gerbung. Zur Charakteristik pflanzlicher und synthetischer Gerbstoffe und deren kombinierte Verwendung bei der ~. *Stather.*

Gleitreibung, geschmierte(r). Über die Beziehungen zwischen Schmierung und Verschleiß bei ∼. *Heidebroek.*
Härte. Die Beziehungen zwischen ∼, Schmierung und Verschleißfestigkeit. *Heidebroek.*
Hochspannungstechnik. An der Grenze zwischen ∼ und Physik. *Obenaus.*
Hodographenmethode. Die Berechnung einer zirkulationslosen Unterschallströmung um den Kreiszylinder mit der ∼. *Schubert. Schinke.*
Ingenieur(s). Die Verantwortlichkeit des ∼. *Heidebroek.*
Maschinen, garnverarbeitende(n). Untersuchungen an ∼. *Frenzel.*
Schmierflüssigkeiten. Das Verhalten von zähen Flüssigkeiten, insbesondere ∼, in engen Spalten. *Heidebroek.*
Schmierung. Die Beziehungen zwischen Härte, ∼ und Verschleißfestigkeit. *Heidebroek.*
Verschleißfestigkeit. Die Beziehungen zwischen Härte, Schmierung und ∼. *Heidebroek.*

Wissenschaftsgeschichte

Darwin. Von Lavater zu ∼. *Brednow.*
Entwicklungsgeschichte. Die Bedeutung der ∼, besonders des Mesenchyms für die Klinik. *Fromme.*
Erdumfangslänge. Die Vorstellungen des Altertums von der ∼. *Prell.*
Goethe(s). Tier und Mensch in ∼ naturwissenschaftlicher Sicht. *Brednow.*
Hufeland. Christoph Wilhelm ∼, Arzt und Erzieher im Lichte der Aufklärung. *Brednow.*
Kegel, Karl. Über die Theorien der Braunkohlenbrikettentstehung unter besonderer Würdigung der Verdienste des Akademie-Mitgliedes ∼. *Rammler.*
Kindernöte in alten Zeiten. *Peiper.*
Längenmaßsysteme, englische(n). Bemerkungen zur Geschichte der ∼. *Prell.*
Lavater. Von ∼ zu Darwin. *Brednow.*

PHILOLOGISCH-HISTORISCHE KLASSE

Geschichte (S. 49) — Kunstgeschichte und Musikwissenschaft (S. 51) — Klassische Philologie mit klassischer Archäologie (S. 52) — Deutsche Philologie (S. 53) — Literaturgeschichte (S. 55) — Nordische Philologie (S. 56) — Romanische Philologie (S. 57) — Slawische Philologie (S. 57) — Ägyptologie (S. 58) — Semitistik und Islamkunde (S. 58) — Orientalische Sprachen und Literatur (S. 59) — Indogermanische Sprachwissenschaft. Indologie (S. 59) — Sinologie (S. 60) — Pädagogik (S. 60) — Rechtswissenschaft und Rechtsgeschichte (S. 60) — Religionsgeschichte (S. 60) — Theologie (S. 61) — Völkerkunde (S. 62) — Wissenschaftsgeschichte (S. 62)

Geschichte

Vor- und Frühgeschichte:

Abgrenzung. Die ~ von Kulturgruppen und Völkern in der Vorgeschichte. *M. Jahn.*

Aufstieg zum Menschen. *Peiper.*

Bauernhaus(es), deutsche(n). Die Entstehung des ~. *Behn.*

Bergbau, älteste. Der ~ in Europa. *M. Jahn.*

Bibliographie zur Vor- und Frühgeschichte Mitteldeutschlands. *M. Jahn. Schulz. Bierbaum.*

Felsbilder, vorgeschichtliche, in Karelien und Westsibirien. *Behn.*

Felsbilder. Zur Problematik der ~. *Behn.*

Handel. Gab es in vorgeschichtlicher Zeit bereits einen ~? *M. Jahn.*

Karelien. Vorgeschichtliche Felsbilder in ~ und West-Sibirien. *Behn.*

Kulturgruppen und Völker(n). Die Abgrenzung von ~ in der Vorgeschichte. *M. Jahn.*

Maskenbrauchtum, vorgeschichtliches. *Behn.*

Sibirien, West-. Vorgeschichtliche Felsbilder in Karelien und ~. *Behn.*

Vor- und Frühgeschichte Mitteldeutschlands. Bibliographie zur ~. *M. Jahn. Schulz. Bierbaum.*

Alte Geschichte:

Begegnung Europas mit Ägypten. *Morenz.*

Byzantiner. Die Auswirkungen der Religionspolitik Thrasamunds und Hilderichs auf Ostgoten und ~. *Diesner.*

Hilderich(s). Die Auswirkungen der Religionspolitik Thrasamunds und ~ auf Ostgoten und Byzantiner. *Diesner.*

Hyksos. Die Herkunft der ~ in neuer Sicht. *Alt.*

Königtum, ägyptische(n). Untersuchungen zum ~ des Mittleren Reiches. I. Phraseologie. *E. Blumenthal.*

Lysander und der Peloponnesische Krieg. *Lotze.*

Ostgoten. Die Auswirkungen der Religionspolitik Thrasamunds und Hilderichs auf ~ und Byzantiner. *Diesner.*

Peloponnesische Krieg. Lysander und der ~. *Lotze.*

Religionspolitik. Die Auswirkungen der ~ Thrasamunds und Hilderichs auf Ostgoten und Byzantiner. *Diesner.*

Samaria. Der Stadtstaat ~. *Alt.*

Thrasamund(s). Die Auswirkungen der Religionspolitik ~ und Hilderichs auf Ostgoten und Byzantiner. *Diesner.*

Mittelalterliche Geschichte:

Gaue, mitteldeutsche, des frühen und hohen Mittelalters. *Hessler.*

Geschichte des zehnten Jahrhunderts. Miszellen zur ~. *Lintzel.*

Heinrich I. und die fränkische Königssalbung. *Lintzel.*

Königssalbung, fränkische. Heinrich I. und die ~. *Lintzel.*

Kurfürstenkolleg(s). Die Entstehung des ~. *Lintzel.*

Universität im Mittelalter. Vom Ursprung der ~. *Grundmann.*

Landesgeschichte:

Agrarwesen, ältere(n) deutsche(n). Salhof und Siedelhof in ~. *Kötzschke. Helbig.*

Differenzierung, räumliche. Die ~ der Industrie- und Bevölkerungsagglomeration im Halle-Leipziger Gebiet. *Lehmann.*

Halle. Entstehung und Entwicklung der Klasse der besitzlosen Lohnarbeiter in ~. *Neuß.*

Halle-Leipziger Gebiet. Die räumliche Differenzierung der Industrie- und Bevölkerungsagglomeration im ~. *Lehmann.*

Industrie- und Bevölkerungsagglomeration. Die räumliche Differenzierung der ~ im Halle-Leipziger Gebiet. *Lehmann.*

Johann(s) von Sachsen. Die Zeit König ~ 1854—1873. Mit Briefen und Dokumenten. *Kretzschmar.*

Kursachsen. Genauigkeitsuntersuchungen am Öderschen Kartenwerk von ~. *Bönisch.*

Lohnarbeiter, besitzlose(n), in Halle. Entstehung und Entwicklung der Klasse der ~. *Neuß.*

Ödersche(n) Kartenwerk. Genauigkeitsuntersuchungen am ~ von Kursachsen. *Bönisch.*

Salhof und Siedelhof im älteren deutschen Agrarwesen. *Kötzschke. Helbig.*

Siebenbürgen. Siedlungsgeschichte und Sprachgeographie der mittelalterlichen deutschen Siedlung in ~. *Klein.*

Siedelhof. Salhof und ~ im älteren deutschen Agrarwesen. *Kötzschke. Helbig.*

Siedlung, mittelalterliche(n) deutsche(n), in Siebenbürgen. Zur Siedlungsgeschichte und Sprachgeographie der ~. *Klein.*
Siedlungsgeschichte und Sprachgeographie. Zur ~ der mittelalterlichen deutschen Siedlung in Siebenbürgen. *Klein.*
Weber, Karl von. *Kretzschmar.*

Kunstgeschichte und Musikwissenschaft

Alte Börse in Leipzig. Die ~ und ihre Architektur. *Hentschel.*
Altzella. Die Baugeschichte des Klosters ~. *Magirius.*
Antikenkopie. Antikenstudium und ~. Vorarbeiten zu einer Darstellung ihrer Bedeutung in der mittelalterlichen und neueren Zeit. *Ladendorf.*
Antikenstudium und Antikenkopie. Vorarbeiten zu einer Darstellung ihrer Bedeutung in der mittelalterlichen und neueren Zeit. *Ladendorf.*
Architektur. Die Alte Börse in Leipzig und ihre ~. *Hentschel.*
Architektur. Material- und Strukturechtheit in der ~. *Hempel.*
Barock, deutsche(n). Die Zentralbauprojekte Augusts des Starken. Ein Beitrag zur Rolle des Bauherrn im ~. *Hentschel.*
Baugeschichte. Die ~ des Klosters Altzella. *Magirius.*
Baugestaltung. Das Stadtbild Alt-Dresdens. Baurecht und ~. *Geyer.*
Bauherr(n). Die Zentralbauprojekte Augusts des Starken. Ein Beitrag zur Rolle des ~ im deutschen Barock. *Hentschel.*
Baurecht. Das Stadtbild Alt-Dresdens. ~ und Baugestaltung. *Geyer.*
Begegnung. Die ~ Europas mit Ägypten. *Morenz.*
Bildwerke des Naumburger Meisters. Die Erschließung der ~. Ein Beitrag zur Geschichte der Kunstwissenschaft. *J. Jahn.*
Dresden(s)-Alt. Das Stadtbild ~ Baurecht und Baugestaltung. *Geyer.*
Felsbilder, vorgeschichtliche, in Karelien und West-Sibirien. *Behn.*
Felsbilder. Zur Problematik der ~. *Behn.*
Geschichte der Kunstwissenschaft. Die Erschließung der Bildwerke des Naumburger Meisters. Ein Beitrag zur ~. *J. Jahn.*
Goethe zur Aufgabe der Kunstgeschichte. *Hempel.*
Hören, musikalische. Das ~ der Neuzeit. *Besseler.*
Klengel, Wolf Caspar von. Unbekannte Skizzen von ~. *Hempel.*
Kunst, bildende(n). Nikolaus von Cues in seinen Beziehungen zur ~. *Hempel.*
Kunst, bildende(n). Das Verhältnis des Schan-hai-djing zur ~. *Finsterbusch.*
Kunstgeschichte. Goethe zur Aufgabe der ~. *Hempel.*
Material- und Strukturechtheit in der Architektur. *Hempel.*
Naumburger Meister(s). Die Erschließung der Bildwerke des ~. Ein Beitrag zur Geschichte der Kunstwissenschaft. *J. Jahn.*
Neidharts Sangweisen. I: Kommentarband. II: Melodien und Lieder. *Rohloff.*
Nikolaus von Cues in seinen Beziehungen zur bildenden Kunst. *Hempel.*
Schan-hai-djing. Das Verhältnis des ~ zur bildenden Kunst. *Finsterbusch.*
Stadtbild Alt-Dresdens. Das ~ Baurecht und Baugestaltung. *Geyer.*

Stilbegriffe, kunstgeschichtliche(n). Die Problematik der ~. *J. Jahn.*
Zentralbauprojekte Augusts des Starken. Die ~. Ein Beitrag zur Rolle des Bauherrn im deutschen Barock. *Hentschel.*

Klassische Philologie mit klassischer Archäologie

Ägypten im römischen Reich. *Zucker.*
Asklepieion von Epidauros. Fünf Wundergeschichten aus dem ~. *Peek.*
Asklepieion von Epidauros. Inschriften aus dem ~. *Peek.*
Α Υ Θ Ε Ν Τ Σ und Ableitungen. *Zucker.*
Begegnung Europas mit Ägypten. *Morenz.*
Bildungsideal, rednerische. Das ~ Ciceros. *Barwick.*
Caesars Bellum Civile. (Tendenz, Abfassungszeit und Stil.) *Barwick.*
Cicero(s). Das rednerische Bildungsideal ~. *Barwick.*
Dorische Inseln. Inschriften von den ~. *Peek.*
Eigennamen, griechische(n). Rückläufiges Wörterbuch der ~. *Dornseiff. Hansen.*
Ethik und Humanität, hellenistische(r). Freundschaftsbewährung in der neuen attischen Komödie. Ein Kapitel ~. *Zucker.*
Freundschaftsbewährung in der neuen attischen Komödie. Ein Kapitel hellenistischer Ethik und Humanität. *Zucker.*
Griechenlandfahrt. Mistra- die Faustburg Goethes. Erinnerungen an eine ~. *Hauschild.*
Halterensprung(es). Zum Pentathlon der Antike. Untersuchungen über das System der Siegerermittlung und die Ausführung des ~. *Ebert.*
Herodots Begegnung mit Ägypten. *Kaiser.*
Horaz. Verschmähtes zu Vergil, ~ und Properz. *Dornseiff.*
Inschriften aus dem Asklepieion von Epidauros. *Peek.*
Inschriften von den Dorischen Inseln. *Peek.*
Isis-Aretologien, griechische(n). Ägypten und die ~. *D. Müller.*
Isokrates' Panathenaikos. *Zucker.*
Komödie, neue(n) attische(n). Freundschaftsbewährung in der ~. Ein Kapitel hellenistischer Ethik und Humanität. *Zucker.*
Martial und die zeitgenössische Rhetorik. *Barwick.*
Papyri, griechische literarische. *Schubart.*
Pentathlon der Antike. Das ~. Untersuchungen über das System der Siegerermittlung und die Ausführung des Halterensprunges. *Ebert.*
Philosophie, griechische, und frühchristliche Askese. *Leipoldt.*
Properz. Verschmähtes zu Vergil, Horaz und ~. *Dornseiff.*
Rhetorik. Martial und die zeitgenössische ~. *Barwick.*
Rhetorik. Probleme der stoischen Sprachlehre und ~. *Barwick.*
Siegerermittlung. Das Pentathlon der Antike. Untersuchungen über das System der ~ und die Ausführung des Halterensprunges. *Ebert.*
Sprachlehre und Rhetorik, stoische(n). Probleme der ~. *Barwick.*
Tacitus. Der Dialogus de oratoribus des ~. (Motive und Zeit seiner Entstehung.) *Barwick.*

Theseustempel in Athen. Studien zum ~. *Koch.*
Vergil. Verschmähtes zu ~, Horaz und Properz. *Dornseiff.*
Wörterbuch, rückläufiges, der griechischen Eigennamen. *Dornseiff. Hansen.*
Wundergeschichten. Fünf ~ aus dem Asklepieion von Epidauros. *Peek.*

Deutsche Philologie

Sprache: Mundartforschung, Namenforschung, Sprach- und Wortgeschichte, Strukturalismus, Syntax.

Altland, niederdeutsch(em). Sprachliche Beziehungen zwischen ~ und Neuland im Bereich der mittleren Elbe. *Bischoff.*
Antike und Christentum an der Wiege der deutschen Sprache. *Frings.*
Atlas, Slawische(n) Onomastische(n). Beiträge zum ~. *Fischer. Eichler.*
Atlas, Slawische(n) Onomastische(n). Materialien zum ~. Mit einer Bibliographie der Leipziger namenkundlichen Arbeitsgruppe (3. Folge). *Fischer. Eichler. Naumann. Walther.*
Beiträge, Leipziger namenkundliche. Mit einer Bibliographie der Leipziger namenkundlichen Arbeitsgruppe (2. Folge). *Fischer. Eichler. Naumann. Walther.*
Beiträge, Leipziger namenkundliche. II. Mit einer Bibliographie der Leipziger namenkundlichen Arbeitsgruppe (4. Folge). *Fischer. Walther. Schultheis. Eichler. Hengst. Blanár.*
Beiträge zum Slawischen Onomastischen Atlas. *Fischer. Eichler.*
Bevölkerungsteile(n), fremdsprachige(n). Hochsprache und Mundart in Gebieten mit ~. *Große. Hutterer.*
Beziehungen, sprachliche, zwischen niederdeutschem Altland und Neuland im Bereich der mittleren Elbe. *Bischoff.*
Beziehungen, deutsch-tschechische, im Bereich der Sprache und Kultur. Aufsätze und Studien. I, II. *Havránek. Fischer.*
Bibliographie der Leipziger namenkundlichen Arbeitsgruppe. *Fischer.*
2. Folge: *Fischer. Eichler. Naumann. Walther.*
3. Folge: *Fischer. Eichler. Naumann. Walther.*
4. Folge: *Fischer. Walther. Schultheis. Eichler. Hengst. Blanár.*
Christentum. Antike und ~ an der Wiege der deutschen Sprache. *Frings.*
Daß-Sätze. Die Entstehung der deutschen ~. *G. Müller. Frings.*
Ding, neuhochdeutsch. Althochdeutsch *thing*. Geschichte eines Wortes. *Karg-Gasterstädt.*
Eigenwortschatz der Landlermundart in Neppendorf. *Klima.*
Entwicklung, volkssprachliche(r). Tendenzen ~ in Thüringen. Studien zur Sprachschichtung. *Spangenberg.*
Germania Romana und Romania Germanica zwischen Mittelmeer, Rhein und Elbe. Zur Geschichte romanisch-germanischer Wörter im Bereich *salix* ‚Weide'. *Frings.*
Hochsprache und Mundart bei den Deutschen in Ungarn. *Hutterer.*

Hochsprache und Mundart in Gebieten mit fremdsprachigen Bevölkerungsteilen. *Große. Hutterer.*
ik/ich-Linie. Zur Geschichte des Niederdeutschen südlich der ~ zwischen Harz und Saale. *Bischoff.*
Landlermundart. Eigenwortschatz der ~ in Neppendorf. *Klima.*
Laut- und Formenbestand der niederdeutschen Mundart des Altai-Gebietes. *Jedig.*
Leitwörter des Minnesangs. *Götz.*
‚Markt'. Das Wort ~ in den mitteldeutschen Mundarten. Mit besonderer Berücksichtigung des Siebenbürgisch-Sächsischen und unter Einbeziehung des Indogermanischen. *Protze.*
Materialien zum Slawischen Onomastischen Atlas. Mit einer Bibliographie der Leipziger namenkundlichen Arbeitsgruppe (3. Folge). *Fischer. Eichler. Naumann. Walther.*
Minnesang(s). Leitwörter des ~. *Götz.*
Mundart. Hochsprache und ~ bei den Deutschen in Ungarn. *Hutterer.*
Mundart. Hochsprache und ~ in Gebieten mit fremdsprachigen Bevölkerungsteilen. *Große. Hutterer.*
Mundart. Bairisch-österreichische und alemannische ~ neben rheinisch-ostmitteldeutscher in Siebenbürgen. *Protze.*
Mundart, niederdeutsche(n). Laut- und Formenbestand der ~ des Altai-Gebietes. *Jedig.*
Mundarten, deutsche(n). Slawische Wörter in den ~ östlich der unteren Saale. *Schönfeld.*
Mundarten, mitteldeutsche(n). Das Wort ‚Markt' in den ~. Mit besonderer Berücksichtigung des Siebenbürgisch-Sächsischen und unter Einbeziehung des Indogermanischen. *Protze.*
Mundarten, obersächsische(n). Die ~ und die deutsche Schriftsprache. *Große.*
Mundarten, siebenbürgische. *Klein. Protze. Klima.*
Mundartforschung, ungarndeutsche(n). Geschichte der ~. *Hutterer.*
Namenforschung, slawistische(n). Erkenntnisse und Aufgaben der ~. Mit einer Bibliographie der Leipziger namenkundlichen Arbeitsgruppe. *Fischer.*
Neuhochdeutsch(en). Strukturelle Untersuchungen zur Geschichte des ~. *Fleischer.*
Niederdeutsch. Niederländisch und ~. Aufbau und Gliederung des Niederdeutschen. *Frings. Lerchner.*
Niederdeutsch(en). Zur Geschichte des ~ südlich der *ik/ich*-Linie zwischen Harz und Saale. *Bischoff.*
Niederländisch und Niederdeutsch. Aufbau und Gliederung des Niederdeutschen. *Frings. Lerchner.*
Onomastica Slavogermanica. I. *Fischer. Eichler.*
Onomastica Slavogermanica. III. *Fischer. Eichler. Walther. Schultheis.*
Onomastica Slavogermanica. V. *Große. Eichler.*
Romania Germanica. Germania Romana und ~ zwischen Mittelmeer, Rhein und Elbe. Zur Geschichte romanisch-germanischer Wörter im Bereich *salix* ‚Weide'. *Frings.*

Salix ‚Weide‘. Germania Romana und Romania Germanica zwischen Mittelmeer, Rhein und Elbe. Zur Geschichte romanisch-germanischer Wörter im Bereich ~. *Frings.*
Schriftsprache, deutsche. Die obersächsischen Mundarten und die ~. *Große.*
Schwabenspiegel(s). Die mitteldeutsch-niederdeutschen Handschriften des ~ in seiner Kurzform. Sprachgeschichtliche Untersuchung. *Große.*
Siebenbürgen. Bairisch-österreichische und alemannische Mundart neben rheinisch-ostmittelleutscher in ~. *Protze.*
Siebenbürgen. Zur Siedlungsgeschichte und Sprachgeographie der mittelalterlichen deutschen Siedlung in ~. *Klein.*
Siebenbürgisch-Sächsisch(en). Das Wort ‚Markt‘ in den mitteldeutschen Mundarten. Mit besonderer Berücksichtigung des ~ und unter Einbeziehung des Indogermanischen. *Protze.*
Sievers, Eduard. Jenaer Tätigkeit. *Germann.*
Sprache, deutsche(n). Antike und Christentum an der Wiege der ~. *Frings.*
Sprachgeographie. Siedlungsgeschichte und ~ der mittelalterlichen deutschen Siedlung in Siebenbürgen. *Klein.*
Sprachraum, Thüringer. Der Sprachwandel des Industrie-Zeitalters im ~. *Rosenkranz.*
Sprachschichtung. Tendenzen volkssprachlicher Entwicklung in Thüringen. Studien zur ~. *Spangenberg.*
Sprachwandel. Der ~ des Industrie-Zeitalters im Thüringer Sprachraum. *Rosenkranz.*
Studien, sprachsoziologische, in Thüringen. *Rosenkranz. Spangenberg.*
thing, althochdeutsch — neuhochdeutsch Ding. Geschichte eines Wortes. *Karg-Gasterstädt.*
Thüringen. Sprachsoziologische Studien in ~. *Rosenkranz. Spangenberg.*
Untersuchungen, strukturelle, zur Geschichte des Neuhochdeutschen. *Fleischer.*
Wörter, romanisch-germanische(r). Germania Romana und Romania Germanica zwischen Mittelmeer, Rhein und Elbe. Zur Geschichte ~ im Bereich von *salix* ‚Weide‘. *Frings.*
Wörter, slawische, in den deutschen Mundarten östlich der unteren Saale. *Schönfeld.*

Literaturgeschichte:

Analogien, literarische, in Heinrich von Kleists Novelle „Der Zweikampf“. Mit einem rechtsgeschichtlichen Diskussionsbeitrag. *J. Müller. Buchda.*
Begegnung Europas mit Ägypten. *Morenz.*
Expressionismus, deutsche(n). Yvan Goll im ~. *J. Müller.*
Faustburg Goethes. Mistra — die ~. Erinnerungen an eine Griechenlandfahrt. *Hauschild.*
Geistesgeschichte der Goetheschen Lyrik. *Korff.*
Goethe zur Aufgabe der Kunstgeschichte. *Hempel.*
Goethe(s). Mistra — die Faustburg ~. Erinnerungen an eine Griechenlandfahrt. *Hauschild.*

Goethes ‚Faust'. Die Figur des Homunculus in ~. *J. Müller.*
Goethes Faustdichtung. Prolog und Epilog zu ~. *J. Müller.*
Goethes Fragmente einer Tragödie und seine Auffassung vom Tragischen. *J. Müller.*
Goethe(s) naturwissenschaftliche(r) Sicht. Tier und Mensch in ~. *Brednow.*
Goethes Sonette. Lyrische Epoche und motivische Kontinuität. *J. Müller.*
Goethesche(n) Lyrik. Geistesgeschichte der ~. *Korff.*
Goll, Yvan, im deutschen Expressionismus. *J. Müller.*
Homunculus. Die Figur des ~ in Goethes ‚Faust'. *J. Müller.*
Interpretationen, stilkritische, als Wege zur Attributierung anonymer deutscher Prosatexte. (Eine Sammlung von Textinterpretationen.) *Schneider.*
Idee und Gestalt des Schönen in der deutschen Klassik. *J. Müller.*
Klassik, deutsche(n). Idee und Gestalt des Schönen in der ~. *J. Müller.*
Kleist, Heinrich von. Liebe und Tod bei ~. *Lintzel.*
Kleist(s), Heinrich von, Novelle „Der Zweikampf". Literarische Analogien in ~. Mit einem rechtsgeschichtlichen Diskussionsbeitrag. *J. Müller. Buchda.*
Liebe und Tod bei Heinrich von Kleist. *Lintzel.*
Literaturgeschichte, althochdeutsche(n). Grenzen und Möglichkeiten einer ~. *Schröder.*
Neidharts Sangweisen. I: Kommentarband. II: Melodien und Lieder. *Rohloff.*
Prolog und Epilog zu Goethes Faustdichtung. *J. Müller.*
Prosatexte, anonyme(r) deutsche(r). Stilkritische Interpretationen als Wege zur Attributierung ~. (Eine Sammlung von Textinterpretationen.) *Schneider.*
Schiller und Böhmen. *Fischer.*
Schiller und die jungen Dichter. *L. Blumenthal.*
Schillers Dramenplan „Die Prinzessin von Zelle". *L. Blumenthal.*
Schillers Widerhall in der russischen Literatur. *Fischer.*
Schillers Zug zur Größe. *Korff.*
Tragödie. Goethes Fragmente einer ~ und seine Auffassung vom Tragischen. *J. Müller.*

Nordische Philologie

Isländersagas. Über die Entstehung der ~. *Baetke.*
Prosaliteratur, altnordische(n). Wörterbuch zur ~, Bd I: A–L. Bd II: M–Ø. *Baetke.*
Sagakritik. Christliches Lehngut in der Sagareligion. Das Svoldr-Problem. Zwei Beiträge zur ~. *Baetke.*
Sagareligion. Christliches Lehngut in der ~. *Baetke.*
Snorra-Edda. Die Götterlehre der ~. *Baetke.*
Svoldr-Problem. *Baetke.*
Yngvi und die Ynglinger. Eine quellenkritische Untersuchung über das nordische „Sakralkönigtum". *Baetke.*
Wörterbuch zur altnordischen Prosaliteratur, Bd I: A–L. Bd II: M–Ø. *Baetke.*

Romanische Philologie

Antike und Christentum an der Wiege der deutschen Sprache. *Frings.*

Bibliotheken, außerspanische(n). Altspanische Drucke im Besitz der ~. *Krauss.*

Drucke, altspanische, im Besitz der außerspanischen Bibliotheken. *Krauss.*

Frühromanisch(en). Die lexikalischen Besonderheiten des ~ in Südosteuropa. *Bahner.*

Romania Germanica. Germania Romana und ~ zwischen Mittelmeer, Rhein und Elbe. Zur Geschichte romanisch-germanischer Wörter im Bereich *salix* ‚Weide'. *Frings.*

Salix ‚Weide'. Germania Romana und Romania Germanica zwischen Mittelmeer, Rhein und Elbe. Zur Geschichte romanisch-germanischer Wörter im Bereich ~. *Frings.*

Wörter, romanisch-germanische(r). Germania Romana und Romania Germanica zwischen Mittelmeer, Rhein und Elbe. Zur Geschichte ~ im Bereich *salix* ‚Weide'. *Frings.*

Slawische Philologie

Atlas, Slawische(n) Onomastische(n). Beiträge zum ~. *Fischer. Eichler.*

Atlas, Slawische(n) Onomastische(n). Materialien zum ~. Mit einer Bibliographie der Leipziger namenkundlichen Arbeitsgruppe (3. Folge). *Fischer. Eichler. Naumann. Walther.*

Beiträge, Leipziger namenkundliche. Mit einer Bibliographie der Leipziger namenkundlichen Arbeitsgruppe (2. Folge). *Fischer. Eichler. Naumann. Walther.*

Beiträge, Leipziger namenkundliche. II. Mit einer Bibliographie der Leipziger namenkundlichen Arbeitsgruppe (4. Folge). *Fischer. Walther. Schultheis. Eichler. Hengst. Blanár.*

Beiträge zum Slawischen Onomastischen Atlas. *Fischer. Eichler.*

Beziehungen, deutsch-tschechische, im Bereich der Sprache und Kultur. Aufsätze und Studien. I, II. *Havránek. Fischer.*

Bibliographie der Leipziger namenkundlichen Arbeitsgruppe. *Fischer.*
2. Folge: *Fischer. Eichler. Naumann. Walther.*
3. Folge: *Fischer. Eichler. Naumann. Walther.*
4. Folge: *Fischer. Walther. Schultheis. Eichler. Hengst. Blanár.*

Bibliographie, sorbische (wendische). *Jatzwauk.*

Bibliographie tschechischer literarischer Werke in deutschen Übersetzungen 1945—1964. Studien zur tschechischen Literatur. *Fischer. Preuss.*

Böhmen. Schiller und ~. *Fischer.*

Gundulićs, Ivan, „Osman" in Deutschland. *Peukert.*

Literatur, russische(n). A. N. Radiščev und Deutschland. Beiträge zur ~ des ausgehenden 18. Jahrhunderts.

Literatur, russische(n). Schillers Widerhall in der ~. *Fischer.*

Literatur, tschechische(n). Studien zur ∼. Mit einer Bibliographie tschechischer literarischer Werke in deutschen Übersetzungen 1945–1964. *Fischer. Preuss.*

Materialien zum Slawischen Onomastischen Atlas. Mit einer Bibliographie der Leipziger namenkundlichen Arbeitsgruppe (3. Folge). *Fischer. Eichler. Naumann. Walther.*

Namenforschung, slawistische(n). Erkenntnisse und Aufgaben der ∼. Mit einer Bibliographie der Leipziger namenkundlichen Arbeitsgruppe. *Fischer.*

Onomastica Slavogermanica. I. *Fischer. Eichler.*

Onomastica Slavogermanica. III. *Fischer. Eichler. Walther. Schultheis.*

Onomastica Slavogermanica. V. *Große. Eichler.*

Ortsnamen, slavische(n). Die ∼ Mecklenburgs und Holsteins. *Trautmann.*

Radiščev, A. N., und Deutschland. Beiträge zur russischen Literatur des ausgehenden 18. Jahrhunderts.

Schiller und Böhmen. *Fischer.*

Schillers Widerhall in der russischen Literatur. *Fischer.*

Schleicher, August, zur Erinnerung. Mit einem Diskussionsbeitrag. *Fischer. J. Müller. Dietze.*

Wörter, slawische, in den deutschen Mundarten östlich der unteren Saale. *Schönfeld.*

Ägyptologie

Ägypten und die griechischen Isis-Aretologien. *D. Müller.*

Ägypten im römischen Reich. *Zucker.*

Begegnung Europas mit Ägypten. *Morenz.*

Heraufkunft des transzendenten Gottes in Ägypten. *Morenz.*

Herodots Begegnung mit Ägypten. *Kaiser.*

Höllenvorstellungen, altägyptische. *Hornung.*

Isis-Aretologien. Ägypten und die griechischen ∼. *D. Müller.*

Königtum, ägyptische(n). Untersuchungen zum ∼ des Mittleren Reiches. I. Phraseologie. *E. Blumenthal.*

Religion, ägyptische(n). Untersuchungen über die Rolle des Schicksals in der ∼. *Morenz. D. Müller.*

Schicksal(s). Untersuchungen zur Rolle des ∼ in der ägyptischen Religion. *Morenz. D. Müller.*

Semitistik und Islamkunde

Arabiya. Untersuchungen zur arabischen Sprach- und Stilgeschichte. *Fück.*

Asch'arī. Die Imamatslehren im Islam nach der Darstellung des ∼. *Brentjes.*

Imamatslehren. Die ∼ im Islam nach der Darstellung des Asch'arī. *Brentjes.*

Islam. Die Imamatslehren im ∼ nach der Darstellung des Asch'arī. *Brentjes.*

Sprach- und Stilgeschichte, arabische(n). Arabiya. Untersuchungen zur ∼. *Fück.*

Studien, abessinische. *Brockelmann.*

Völker und Sprachen, indogermanische(n). Die ∼ Kleinasiens. *Hauschild.*

Orientalische Sprachen und Literatur

Adonis und Adonaj. *Eißfeldt.*

Beutel des Lebendigen. Der ~. Alttestamentliche Erzählungs- und Dichtungsmotive im Lichte neuer Nuzi-Texte. *Eißfeldt.*

Grammatik des Ugaritischen. Untersuchungen zur ~. *Aistleitner.*

Hilprecht-Sammlung Jena. Mittelbabylonische Kleidertexte der ~. Mit einem Anhang: Fünf alt-, mittel- und neubabylonische Texte verschiedenen Inhalts aus der gleichen Sammlung. *Aro.*

Mittelbabylonische Kleidertexte der Hilprecht-Sammlung Jena. Mit einem Anhang: Fünf alt-, mittel- und neubabylonische Texte verschiedenen Inhalts aus der gleichen Sammlung. *Aro.*

Nuzi-Texte. Der Beutel des Lebendigen. Alttestamentliche Erzählungs- und Dichtungsmotive im Lichte neuer ~. *Eißfeldt.*

Pantheon, ugaritische(n). El im ~. *Eißfeldt.*

Pfandrecht, neubabylonisches. *Petschow.*

Qumran-Handschriften. Das Gebet des Nabonid. Eine in den ~ wiederentdeckte Weisheitserzählung. *Meyer.*

Stammessage und Menschheitserzählung in der Genesis. *Eißfeldt.*

Ugaritische Sprache. Wörterbuch der ~. *Aistleitner. Eißfeldt.*

Ugaritisch(en). Untersuchungen zur Grammatik des ~. *Aistleitner.*

Weisheitserzählung. Das Gebet des Nabonid. Eine in den Qumran-Handschriften wiederentdeckte ~. *Meyer.*

Wörterbuch der ugaritischen Sprache. *Aistleitner. Eißfeldt.*

Indogermanische Sprachwissenschaft. Indologie

Aitareyabrāhmana. Die Legende von Śunaḥśepa im ~ und Śāṅkhāyanaśrautasutra. *Weller.*

Arier. Über die frühesten ~ im alten Orient. *Hauschild.*

Aṣṭāvakra-Gītā. Die ~. Bearbeitung und Übersetzung. *Hauschild.*

Bodhicaryāvatāra. Tibetisch-sanskritischer Index zum ~. I, II. *Weller.*

Bodhicaryāvatāra. Tibetischer Text des ~. *Weller.*

Buddhacarita. Zwei zentralasiatische Fragmente des ~. *Weller.*

Kāśyapaparivarta. Zum ~. Heft 1: Mongolische Texte. Heft 2: Verdeutschung des sanskrit-tibetischen Textes. *Weller.*

Mistra — die Faustburg Goethes. Erinnerungen an eine Griechenlandfahrt. *Hauschild.*

Religionsgeschichte. Studien zur indogermanischen Wortkunde und ~. *Thieme.*

Śāṅkhāyanaśrautasūtra. Die Legende von Śunaḥśepa im Aitareyabrāhmana und ~. *Weller.*

Śunaḥśepa. Die Legende von ~ im Aitareyabrāhmana und Śāṅkhāyanaśrautasūtra. *Weller.*

Tanjur. Zum mongolischen ~. *Weller.*

Tanjurtext(es), mongolisch(en). Über den Quellenbezug eines ~. *Weller.*
Wortkunde, indogermanische(n). Studien zur ~ und Religionsgeschichte. *Thieme.*

Sinologie

Choukönig(s) Yu. Neue Beiträge zur Geschichte des ~. *Erkes.*
Gesellschaft, chinesische(n). Die Entwicklung der ~ von der Urzeit bis zur Gegenwart. *Erkes.*
Schan-hai-djing. Das Verhältnis des ~ zur bildenden Kunst. *Finsterbusch.*
Sklaverei. Das Problem der ~ in China. *Erkes.*

Pädagogik

Ergebnisse unterrichtspsychologischer Untersuchungen. *Winnefeld.*
Reform des Erziehungs- und Bildungswesens. August Hermann Franckes Schrift über eine ~ als Ausgangspunkt einer geistlichen und sozialen Neuordnung der Evangelischen Kirche des 18. Jahrhunderts. — Der Große Aufsatz. Mit einer quellenkundlichen Einführung. *Podczeck.*

Rechtswissenschaft und Rechtsgeschichte

Abstimmung, geheime. Freie Wahlen und ~ in der bürgerlichen Demokratie. *Jacobi.*
Autorschaft von Dissertationen. Untersuchungen zur ~ im Zeitalter der Aufklärung. *Schubart-Fikentscher.*
Bauherr(n). Die Zentralbauprojekte Augusts des Starken. Ein Beitrag zur Rolle des ~ im deutschen Barock. *Hentschel.*
Baurecht. Das Stadtbild Alt-Dresdens. ~ und Baugestaltung. *Geyer.*
Kleist(s), Heinrich von, Novelle „Der Zweikampf". Literarische Analogien in ~. Mit einem rechtsgeschichtlichen Diskussionsbeitrag. *J. Müller. Buchda.*
Komödianten. Zur Stellung der ~ im 17. und 18. Jahrhundert. *Schubart-Fikentscher.*
Pfandrecht, neubabylonisches. *Petschow.*
Schwabenspiegel(s). Die mitteldeutsch-niederdeutschen Handschriften des ~ in seiner Kurzform. Sprachgeschichtliche Untersuchung. *Große.*
Unehelichen-Frage. Die ~ in der Frühzeit der Aufklärung. *Schubart-Fikentscher.*
Wahlen, freie, und geheime Abstimmung in der bürgerlichen Demokratie. *Jacobi.*

Religionsgeschichte

Askese, frühchristliche. Griechische Philosophie und ~. *Leipoldt.*
Asklepieion von Epidauros. Inschriften aus dem ~. *Peek.*
Asklepieion von Epidauros. Fünf Wundergeschichten aus dem ~. *Peek.*

Begegnung Europas mit Ägypten. *Morenz.*

Götterlehre. Die ~ der Snorra-Edda. *Baetke.*

Heraufkunft des transzendenten Gottes in Ägypten. *Morenz.*

Inschriften aus dem Asklepieion von Epidauros. *Peek.*

Isis-Aretologien. Ägypten und die griechischen ~. *D. Müller.*

Kaiser Julian. Der römische ~ in der Religionsgeschichte. *Leipoldt.*

Lehngut, christliches, in der Sagareligion. *Baetke.*

Leipziger Universität. Die Religionsgeschichte an der ~ und die Entwicklung der Religionswissenschaft. Ein Beitrag zur Wissenschaftsgeschichte und zum Problem der Religionswissenschaft. *Rudolph.*

Religion, ägyptische(n). Untersuchungen über die Rolle des Schicksals in der ~. *Morenz. D. Müller.*

Religionsgeschichte. Die ~ an der Leipziger Universität und die Entwicklung der Religionswissenschaft. Ein Beitrag zur Wissenschaftsgeschichte und zum Problem der Religionswissenschaft. *Rudolph.*

Religionsgeschichte. Studien zur indogermanischen Wortkunde und ~. *Thieme.*

Religionspolitik. Die Auswirkungen der ~ Thrasamunds und Hilderichs auf Ostgoten und Byzantiner. *Diesner.*

Religionswissenschaft. Die Religionsgeschichte an der Leipziger Universität und die Entwicklung der ~. Ein Beitrag zur Wissenschaftsgeschichte und zum Problem der ~. *Rudolph.*

Sagareligion. Christliches Lehngut in der ~. *Baetke.*

„Sakralkönigtum", nordische. Yngvi und die Ynglinger. Eine quellenkritische Untersuchung über das ~. *Baetke.*

Schicksal(s). Untersuchungen zur Rolle des ~ in der ägyptischen Religion. *Morenz. D. Müller.*

Wundergeschichten. Fünf ~ aus dem Asklepieion von Epidauros. *Peek.*

Theologie

Altes und Neues Testament, Kirchengeschichte

Adonis und Adonaj. *Eißfeldt.*

Asaph(s). Das Lied Moses Deuteronomium 32,1—43 und das Lehrgedicht ~ Psalm 78 samt einer Analyse der Umgebung des Mose-Liedes. *Eißfeldt.*

Askese, frühchristliche. Griechische Philosophie und ~. *Leipoldt.*

Beutel des Lebendigen. Der ~. Alttestamentliche Erzählungs- und Dichtungsmotive im Lichte neuer Nuzi-Texte. *Eißfeldt.*

Delitzsch, Franz, und Wolf Graf Baudissin. Dokumente über die Anfänge ihrer Freundschaft aus dem Erlanger Wintersemester 1866/67. *Eißfeldt.*

El im ugaritischen Pantheon. *Eißfeldt.*

Erzählungs- und Dichtungsmotive, alttestamentliche. Der Beutel des Lebendigen. ~ im Lichte neuer Nuzi-Texte. *Eißfeldt.*

Francke(s), August Hermann, Schrift über eine Reform des Erziehungs- und Bildungswesens als Ausgangspunkt einer geistlichen und sozialen Neuordnung der Evangelischen Kirche des 18. Jahrhunderts. – Der Große Aufsatz. Mit einer quellenkundlichen Einführung. *Podczeck.*

Gebet des Nabonid. Das ~. Eine in den Qumran-Handschriften wiederentdeckte Weisheitserzählung. *Meyer.*

Genesis. Stammessage und Menschheitserzählung in der ~. *Eißfeldt.*

Judentum, antike(n). Tradition und Neuschöpfung im ~. Dargestellt an der Geschichte des Pharisäismus. *Meyer.*

Kaiser Julian. Der römische ~ in der Religionsgeschichte. *Leipoldt.*

Lehrgedicht Asaphs Psalm 78. Das Lied Moses Deuteronomium 32,1–43 und das ~ samt einer Analyse der Umgebung des Mose-Liedes. *Eißfeldt.*

Menschheitserzählung. Stammessage und ~ in der Genesis. *Eißfeldt.*

Mose(s) Deuteronomium 32,1–43. Das Lied ~ und das Lehrgedicht Asaphs Psalm 78 samt einer Analyse der Umgebung des Mose-Liedes. *Eißfeldt.*

Neuordnung der Evangelischen Kirche des 18. Jahrhunderts. August Hermann Franckes Schrift über eine Reform des Erziehungs- und Bildungswesens als Ausgangspunkt einer geistlichen und sozialen ~. – Der Große Aufsatz. Mit einer quellenkundlichen Einführung. *Podczeck.*

Nuzi-Texte. Der Beutel des Lebendigen. Alttestamentliche Erzählungs- und Dichtungsmotive im Lichte neuer ~. *Eißfeldt.*

Pantheon, ugaritische(n). El im ~. *Eißfeldt.*

Pharisäismus. Der ~ im Lichte der Überlieferung des Neuen Testaments. *Weiss.*

Pharisäismus. Tradition und Neuschöpfung im antiken Judentum. Dargestellt an der Geschichte des ~. *Meyer.*

Philosophie, griechische, und frühchristliche Askese. *Leipoldt.*

Qumran-Handschriften. Das Gebet des Nabonid. Eine in den ~ wiederentdeckte Weisheitserzählung. *Meyer.*

Ruth-Erzählung. Wahrheit und Dichtung in der ~. *Eißfeldt.*

Samaria. Der Stadtstaat ~. *Alt.*

Sinai-Erzählung Exodus 19–34. Die Komposition der ~. *Eißfeldt.*

Stammessage und Menschheitserzählung in der Genesis. *Eißfeldt.*

Tradition und Neuschöpfung im antiken Judentum. Dargestellt an der Geschichte des Pharisäismus. *Meyer.*

Völkerkunde

Erntevölker. Die ~, eine wichtige Phase in der Entwicklung der menschlichen Wirtschaft. *Lips.*

Wissenschaftsgeschichte

Baudissin, Wolf Graf. Franz Delitzsch und ~. Dokumente über die Anfänge ihrer Freundschaft aus dem Erlanger Wintersemester 1866/67. *Eißfeldt.*

Delitzsch, Franz, und Wolf Graf Baudissin. Dokumente über die Anfänge ihrer Freundschaft aus dem Erlanger Wintersemester 1866/67. *Eißfeldt.*

Geschichte der Kunstwissenschaft. Die Erschließung der Bildwerke des Naumburger Meisters. Ein Beitrag zur ~. *J. Jahn.*

Religionsgeschichte. Die ~ an der Leipziger Universität und die Entwicklung der Religionswissenschaft. Ein Beitrag zur Wissenschaftsgeschichte und zum Problem der Religionswissenschaft. *Rudolph.*

Universität im Mittelalter. Vom Ursprung der ~. *Grundmann.*

ANHANG

BIBLIOGRAPHISCHE VERWEISE

Es wird verwiesen auf die

Verfasser- und Sachregister 1896–1945 der Abhandlungen und Berichte. Mathematisch-physische Klasse (seit 1942 mathematisch-naturwissenschaftliche Klasse). Bearb. von Maria Schwarzburger. Berlin 1961.

Verfasser- und Sachregister 1896–1948 der Abhandlungen und Berichte. Philologisch-historische Klasse. Bearb. von Adalbert Plott. Berlin 1957.

Seit der Wiedereröffnung gibt die Sächsische Akademie der Wissenschaften Jahrbücher heraus:

Jahrbuch 1949–1953. Berlin 1954.
1954–1956. Berlin 1958.
1957–1959. Berlin 1961.
1960–1962. Berlin 1964.
1963–1965. Berlin 1967.
1966–1968. Berlin 1970.

Nachrufe auf verstorbene Mitglieder, früher enthalten in den Sitzungsberichten, finden sich seit 1949 gedruckt in den Jahrbüchern der Akademie:

Ackerknecht, Eberhard	*H. Eßbach*, in: Jb. 1966–1968. S. 321–322.
Aistleitner, Joseph	*O. Eißfeldt*, in: Jb. 1960–1962. S. 401–403.
Alt, Albrecht	*S. Morenz*, in: Jb. 1954–1956. S. 266–268.
Barkhausen, Heinrich	*G. Hertz*, in: Jb. 1954–1956. S. 265.
Barwick, Karl	*F. Zucker*, in: Jb. 1963–1965. S. 338–339.
Baumgarten, Arthur	*G. Buchda*, in: Jb. 1966–1968. S. 351–355.
Becker, Philipp August	*o. V.*, in: Jb. 1949–1953. S. 48.
Beyer, Kurt	*E. Heidebroek*, in: Jb. 1949–1953. S. 45–46.
Binder, Ludwig	*F. Obenaus*, in: Jb. 1957–1959. S. 356–358.
Blaschke, Wilhelm	*E. Kähler*, in: Jb. 1960–1962. S. 388–391.
Böhm, Jaroslav	*F. Behn*, in: Jb. 1960–1962. S. 416.
Bonhoeffer, Karl-Friedrich	*H. Staude*, in: Jb. 1957–1959. S. 338–345.
Bothe, Walter	*G. Hertz*, in: Jb. 1957–1959. S. 335.
Bräunlich, Erich	*o. V.*, in: Jb. 1949–1953. S. 48.
Brandenburg, Erich	*o. V.*, in: Jb. 1949–1953. S. 48.
Brandt, Heinrich	*E. Kähler*, in: Jb. 1954–1956. S. 246–247.
Brockelmann, Karl	*J. Fück*, in: Jb. 1954–1956. S. 268–270.

Bruhns, Leo	*H. Ladendorf*, in: Jb. 1957–1959. S. 345–350.
Buder, Johannes	*F. Jacob*, in: Jb. 1966–1968. S. 322–333, und *K. Mothes*, ebda. S. 336–337.
Bürger, Max	*R. Emmrich*, in: Jb. 1966–1968. S. 337–338.
Clemen, Otto	*o. V.*, in: Jb. 1949–1953. S. 48–49.
de Boor, Hans-Otto	*E. Jacobi*, in: Jb. 1954–1956. S. 264–265.
Debye, Peter	*W. Buchheim*, in: Jb. 1966–1968. S. 338–340.
Deubel, Fritz	*F. Leutwein*, in: Jb. 1966–1968. S. 340–343.
Diepschlag, Ernst	*G. Spackeler*, in: Jb. 1954–1956. S. 245–246.
Dornseiff, Franz	*F. Zucker*, in: Jb. 1960–1962. S. 396–398.
Engel, Friedrich	*o. V.*, in: Jb. 1949–1953. S. 50.
Erkes, Eduard	*E. Haenisch*, in: Jb. 1957–1959. S. 352–353.
Fischer, August	*o. V.*, in: Jb. 1949–1953. S. 49.
Flach, Willy	*H. Kretzschmar*, in: Jb. 1957–1959. S. 353–354.
Frings, Theodor	*R. Große*, in: Jb. 1966–1968. S. 311–321.
Fromme, Albert	*E. Schwarz*, in: Jb. 1966–1968. S. 343–345.
Goetz, Walter	*H. Kretzschmar*, in: Jb. 1957–1959. S. 358–359.
Haenisch, Erich	*J. Průšek*, in: Jb. 1966–1968. S. 355–356.
Harms, Jürgen	*H. Bredt*, in: Jb. 1954–1956. S. 270–271.
Heidebroek, Enno	*W. Frenzel*, in: Jb. 1954–1956. S. 252–254.
Hempel, Eberhard	*W. Hentschel*, in: Jb. 1966–1968. S. 356–360.
Hertel, Johannes	*F. Weller*, in: Jb. 1954–1956. S. 259–264.
Hetzer, Theodor	*o. V.*, in: Jb. 1949–1953. S. 49.
Hoffmann, Gerhard	*o. V.*, in: Jb. 1949–1953. S. 44.
Hoffmeister, Cuno	*P. Görlich*, in: Jb. 1966–1968. S. 345–348.
Jacobi, Erwin	*G. Buchda*, in: Jb. 1963–1965. S. 344–349.
Junker, Hermann	*S. Morenz*, in: Jb. 1960–1962. S. 403–405.
Kahle, Paul Ernst	*R. Meyer*, in: Jb. 1963–1965. S. 330–334.
Karg-Gasterstädt, Elisabeth	*G. Müller*, in: Jb. 1963–1965. S. 327–329.
Kegel, Karl	*E. Rammler*, in: Jb. 1957–1959. S. 361–363.
Klingner, Friedrich	*W. Peek*, in: Jb. 1966–1968. S. 369–370.
Koch, Herbert	*B. Schweitzer*, in: Jb. 1960–1962. S. 412–414.
Koebe, Paul	*o. V.*, in: Jb. 1949–1953. S. 44.
Köhler, Günther	*E. Neef*, in: Jb. 1957–1959. S. 355–356.
König, Walter	*W. Langenbeck*, in: Jb. 1963–1965. S. 308–310.
Körte, Alfred	*o. V.*, in: Jb. 1949–1953. S. 49.
Kötzschke, Rudolf	*o. V.*, in: Jb. 1949–1953. S. 49.
Korff, Hermann August	*J. Müller*, in: Jb. 1963–1965. S. 318–323.
Koschaker, Paul	*E. Jacobi*, in: Jb. 1949–1953. S. 54–55.
Kretzschmar, Hellmut	*W. Markov*, in: Jb. 1963–1965. S. 349–350.
Krueger, Felix	*o. V.*, in: Jb. 1949–1953. S. 49.
Lagally, Max	*o. V.*, in: Jb. 1949–1953. S. 44.
Landsberger, Benno	*H. Petschow*, in: Jb. 1966–1968. S. 371–376.

Langenbeck, Wolfgang	*W. Treibs*, in: Jb. 1966—1968. S. 348—349.
Leipoldt, Johannes	*R. Meyer*, in: Jb. 1963—1965. S. 335—337.
Lintzel, Martin	*K. Bischoff*, in: Jb. 1954—1956. S. 254—256.
Lips, Julius	*F. Behn*, in: Jb. 1949—1953. S. 51—53.
Litt, Theodor	*E. Spranger*, in: Jb. 1960—1962. S. 410—412.
Luther, Robert	*o. V.*, in: Jb. 1949—1953. S. 44.
Marx, Friedrich	*o. V.*, in: Jb. 1949—1953. S. 50.
Meister, Richard	*Th. Frings*, in: Jb. 1963—1965. S. 307—308.
Murko, Matija	*o. V.*, in: Jb. 1949—1953. S. 57—58.
Ostwald, Wilhelm	*K. Schwabe*, in: Jb. 1949—1953. S. 47—48.
Peiper, Albrecht	*R. Emmrich*, in: Jb. 1966—1968. S. 349—350.
Pfeifer, Richard Arwed	*H. Bredt*, in: Jb. 1957—1959. S. 337—338.
Pinder, Wilhelm	*o. V.*, in: Jb. 1949—1953. S. 50.
Planck, Max	*o. V.*, in: Jb. 1949—1953. S. 45.
Prell, Heinrich	*M. Gersch*, in: Jb. 1960—1962. S. 391—392.
Reinhard, Rudolf	*o. V.*, in: Jb. 1949—1953. S. 44.
Reinhardt, Karl	*F. Zucker*, in: Jb. 1957—1959. S. 351—352.
Renner, Otto	*J. Buder*, in: Jb. 1960—1962. S. 377—385.
Robitzsch, Max	*E. Hölder*, in: Jb. 1949—1953. S. 46—47.
Ruhland, Wilhelm	*o. V.*, in: Jb. 1960—1962. S. 375.
Scheumann, Karl Hermann	*F. Leutwein*, in: Jb. 1963—1965. S. 310—313.
Scheunert, Arthur	*K. Täufel*, in: Jb. 1957—1959. S. 329—335.
Schmidt, Ludwig	*o. V.*, in: Jb. 1949—1953. S. 49.
Schmidt, Richard	*o. V.*, in: Jb. 1949—1953. S. 49—50.
Schmitthenner, Heinrich	*E. Neef*, in: Jb. 1957—1959. S. 335—337.
Schneider, Ferdinand Josef	*H. A. Korff*, in: Jb. 1954—1956. S. 247—252.
Scholl, Roland	*o. V.*, in: Jb. 1949—1953. S. 44.
Schröder, Robert	*H. Kyank*, in: Jb. 1957—1959. S. 363—365.
Schubart, Wilhelm	*F. Zucker*, in: Jb. 1960—1962. S. 398—400.
Schücking, Levin Ludwig	*Th. Frings*, in: Jb. 1963—1965. S. 334—335.
Schultze, Alfred	*o. V.*, in: Jb. 1949—1953. S. 50.
Schwarz, Egbert	*R. Nissen*, in: Jb. 1966—1968. S. 350—351.
Schweitzer, Bernhard	*S. Morenz*, in: Jb. 1966—1968. S. 376—377.
Schwerin, Claudius Freiherr von	*o. V.*, in: Jb. 1949—1953. S. 51.
Siber, Heinrich	*E. Jacobi*, in: Jb. 1949—1953. S. 55—56.
Simon, Arthur	*L. Wolf*, in: Jb. 1960—1962. S. 392—396.
Sommer, Ferdinand	*R. Hauschild*, in: Jb. 1960—1962. S. 405—410.
Spackeler, Georg	*E. Rammler*, in: Jb. 1960—1962. S. 375—377.
Spamer, Adolf	*F. Geißler*, in: Jb. 1949—1953. S. 58—60.
Spranger, Eduard	*R. Meister*, in: Jb. 1963—1965. S. 323—327.
Stach, Walter	*H. Kusch*, in: Jb. 1954—1956. S. 256—259.
Steindorff, Georg	*o. V.*, in: Jb. 1949—1953. S. 56—57.
Trautmann, Reinhold	*o. V.*, in: Jb. 1949—1953. S. 57.
Vasmer, Max	*R. Fischer*, in: Jb. 1960—1962. S. 414—416.

Weickmann, Ludwig	*W. Buchheim*, in: Jb. 1960–1962. S. 385–388.
Wilcken, Ulrich	*o. V.*, in: Jb. 1949–1953. S. 51.
Willers, Friedrich Adolf	*O.-H. Keller*, in: Jb. 1957–1959. S. 359–361.
Winnefeld, Friedrich	*R. Ahrbeck-Wothge*, in: Jb. 1966–1968. S. 377–382.
Worringer, Wilhelm	*J. Jahn*, in: Jb. 1963–1965. S. 339–344.

FSC
www.fsc.org
MIX
Papier | Fördert gute Waldnutzung
FSC® C083411

Kolibri 360 GmbH
Ferdinand-Jühlke-Straße 7
99095 Erfurt, Deutschland
produktsicherheit@kolibri360.de